남극생물학자의 연구노트 04

슬기로운
펭귄의
남극생활

The Story of Antarctic Penguins

남극생물학자의 연구노트 시리즈는 극지과학의 대중화를 위하여 극지연구소에서 기획하였습니다. 극지연구소Korea Polar Research Institute, KOPRI는 우리나라 유일의 극지 연구 전문기관으로, 남극의 '세종과학기지'와 '장보고과학기지', 북극의 '다산과학기지', 쇄빙연구선 '아라온'을 운영하면서 극지 기후와 해양, 지질 환경 그리고 야생동물들과 생태계를 연구하고 있습니다. 또한 극지 관련 국제기구에서 우리나라를 대표하여 활동하고 있습니다.

남극생물학자의 연구노트 04

슬기로운 펭귄의 남극생활

The Story of Antarctic Penguins

김정훈 지음

GEOBOOK 지오북

 **머리말**

　뽀로로와 펭수의 활약으로 2020년 12월 현재에도 펭귄에 대한 대중들의 관심이 식을 줄 모른다. 이들은 주변에서 흔히 일어날 법한 다양한 이야기로 우리들이 공감할 수 있는 기쁨, 노여움, 슬픔과 즐거움을 담아내고 있기 때문이다. 가상의 세계에 살고 있는 이 캐릭터들이 실존하는 펭귄의 이야기를 직접 다루지는 않지만, 이들의 상징성만큼은 대중의 관심과 호기심을 남극의 환경과 펭귄들에게 확장시키는 도화선이 되었다. 우리는 지식의 바다라 불리는 인터넷을 통해 펭귄에 대한 호기심을 어느 정도 해결할 수 있지만, 한편으로 더 깊이 알고자 하는 본능을 자극하여 보다 현장감 있는 생생한 정보를 갈구하게 만든다.

　첫 책인 『사소하지만 중요한 남극동물의 사생활-킹조지섬 편』에서 펭귄에 관한 내용들을 많이 담아내고 싶었다. 그러나 당시에는 킹조지섬을 떠나 황제펭귄과 아델리펭귄들의 고향인 남극대륙에서 연구를 막 시작한 시점이었다. 이제는 그때보다 더 다양하고 흥미로운 관찰기록들이 축적되고 있어서 본격적인 펭귄 이야기를 이번 책에 펼칠 수 있게 되었다. 남극대륙에서 캠핑을 하며 짝짓기, 둥지짓기, 알 품기와 새끼 키워내기, 빙판과 물속생활에 적응하기, 강풍과 더위에 견뎌내기 등 펭귄들의 행동을 세밀하게 관찰할 수 있는 기회가 많아졌기 때문이다.

　펭귄들의 둥지 근처에서 야영을 하며 살아보니 혹독한 남극 환경에 적응해온 펭귄의 신체구조, 생태, 생리 및 행동특성을 자연스럽게 알게 되었다. 펭귄들은 남극 환경에 잘 적응하여 추위에 맞서는 생존전략을 가지

▲ 2019년 남극의 여름, 황제펭귄 번식지에 도착하니 엄청난 규모의 빙산이 바다얼음에 갇혀 있었다. 어떤 빙산의 아래쪽은 녹아내려 큰 동굴이 생겨났다. 언제나 이런 큰 빙산이 나타나고 동굴이 생기는 것은 아니므로 무척 희귀한 광경이다.
▼ 황제펭귄들의 새끼들이 보육원에 모여 있다. 새끼가 점차 자라면 부모 모두 먹이를 구하러 바다로 나간다.

고 있다. 따라서 펭귄들이 남극의 강추위에 떨고 있다고 걱정할 필요가 없다. 그들은 원래 그런 환경에서 그렇게 살아왔으니까. 그보다는 온난화로 펭귄들이 더위를 견뎌내기가 더 어려워진 상황을 걱정해야 한다. 급변하는 환경변화 시대를 맞아, 현재 남극대륙에 살고 있는 아델리펭귄과 황제펭귄의 생태연구를 통해 이들의 미래를 예측하고, 늦지 않게 보존조치를 마련해야 하는데 갈 길이 멀다.

전 세계적인 코로나19 확산으로 2020/21년의 남극현장조사 일정이 취소되었다. 2004년 이래로 16년간 지속되었던 나의 남극행도 함께 멈췄다. 코로나19가 없었다면 지금쯤 케이프 할렛과 케이프 워싱턴에서 펭귄들과 함께 있을 텐데... 오랜만에 한국에서 보내는 12월이 어색하기만 하다. 때때로 책에 수록한 사진 속 펭귄들의 우렁찬 울음소리가 환청으로 들린다. 원고를 쓰는 동안 나는 몇 번이나 바지를 걷어 올려 아델리 펭귄에게 물렸던 상처를 쓰다듬어 보았다. 가고 싶어도 쉽게 갈수 없는 남극대륙의 풍경과 펭귄들이 살아가는 리얼한 모습을 하루라도 빨리 전달하고 싶은 의욕이 앞선다. 이 책은 생동감 있는 남극의 생태현장을 영상으로 체험할 수 있도록 독자들을 배려했다. 글과 함께 현지에서 촬영한 사진과 동영상을 볼 수 있는 QR코드를 삽입하여 남극대륙의 환경과 펭귄들의 생생한 남극생활을 소개하고자 한다.

2020년 12월

남극대륙의 펭귄을 그리워하며

▲ 남극대륙에서 활강풍이 불면 알을 품던 아델리펭귄들은 필사적으로 강추위를 견뎌내야 한다. 이때가 번식기의 최고의 시련이다.
▼ 해빙이 떠다니는 차가운 바닷속을 마치 날듯이 헤엄치는 아델리펭귄들 ⓒ서명호

제3부 펭귄들의 전쟁과 사랑

제4부 기후변화는 남극 펭귄에게도 시련

사진 속 QR코드를 스캔해 보세요

＊남극대륙에서 지은이를 비롯한 연구진이 현장 촬영한 생생한 동영상을 볼 수 있습니다.

황제펭귄의 라이프사이클

황제펭귄은 해가 뜨지 않는 4월경에 바다얼음 위를 걸어서 번식지로 찾아간다. 암컷은 짝짓기 후 수컷에게 하나의 알을 낳아 맡겨 놓고 먹이사냥을 위해 바다로 떠나며, 수컷은 암컷이 돌아올 때까지 발등 위에 알을 올려놓고 품어준다. 새끼가 부화할 때쯤 되면 어미가 돌아오고 수컷은 육아업무를 교대한다. 부모가 건네주는 이유식을 먹으며 새끼들은 무럭무럭 자라고, 추운 날에 서로 똘똘 뭉쳐 체온을 유지한다. 바다얼음이 사라지는 남극의 여름이 찾아오면 부모는 새끼 곁을 떠난다. 12월경 독립한 새끼들은 바다에서 살아가는 법을 스스로 터득해 나간다.

1~3월
대양에서 먹이확보 및 에너지 비축

4월
바다얼음 위를 걸어서 번식지로 이동

12월
부모로부터 독립하고 바다로 떠날 준비

5월
짝짓기

6~7월
암컷은 먹이를 구하러 바다로 이동

6~7월
알 낳기와 알 품기 시작(수컷)

먹이를 구해 돌아오는 암컷

8월
알 품기와 부화
암컷이 먹이를 구하는 장소에서 번식지로 귀환하고 수컷은 사냥하러 떠남

먹이를 구하러 가는 수컷 6번쯤 되풀이함

9~10월
새끼에게 먹이주기

10~11월
보육원(Créche)을 형성하고 촘촘하게 서로 붙어서(밀집대형) 체온유지

*위키커먼즈 '황제펭귄의 생활사' 그림을 참조하여 다시 그림

아델리펭귄의 라이프사이클

아델리펭귄은 11월경에 번식지에 도착하고 짝짓기를 시작한다. 이들은 눈이나 얼음이 없는 땅 위에 돌을 쌓아 둥지를 짓고 보통 두 개의 알을 낳는다. 부모는 새끼들의 체온유지, 이유식 공급과 도둑갈매기로부터 보호 등의 양육에 힘쓴다. 새끼들의 먹이 요구량이 증가하면 부모는 모두 사냥터로 떠나는 시간이 많아지고, 번식지에 남아있는 새끼들은 보육원을 형성한다. 새끼들은 털갈이를 마치면 부모로부터 독립하여 번식지를 떠날 채비를 한다. 4월이 되면 펭귄들은 머나먼 계절이동을 시작하고 다음해 11월경에 번식지로 다시 돌아온다.

4~10월
계절이동과 월동

3월
이소와
새끼들의 털갈이

1월~3월
둥지에서 벗어나
보육원(Créche) 형성

11월
번식지 정착과
짝짓기

12월~1월
둥지에서 새끼
돌보기

12월
알 낳기와 알 품기

로스해에는 전 세계 아델리펭귄의 32%, 황제펭귄의 26%가 번식한다.
이 해역에서는 빅토리아랜드(Victoria Land)와 로스섬(Ross Island) 일대에
23개소, 어데어 반도(Adare Peninsula) 오른쪽 해안을 따라 4개소 등 27개소의
아델리펭귄 번식지가 분포하고 있다. 늦여름까지 바다얼음이 남아있는 케이프
워싱턴(Cape Washington), 쿨먼섬(Coulman Island), 케이프 로젯(Cape Roget)
등 3개 지역에는 매년 황제펭귄 번식지가 형성된다. 우리나라는 케이프 할렛(Cape
Hallett)에 연구캠프를 구축하고 아델리펭귄의 장기생태모니터링을 수행하고 있다.
그 외에 인익스프레서블섬(Inexpressible Island)과 케이프 어데어(Cape Adare)
사이에 위치하는 아델리펭귄과 황제펭귄 번식지들도 기초생태 조사대상 지역이다.

디스커버리산
Mt. Discovery

맥머도기지(미국)
McMurdo

맥머도빙붕
McMurdo
Ice Shelf

스콧기지(뉴질랜드)
Scott

에레부스산
Mt. Erebus

로스섬
Ross Is.

드리갈스키 빙설
Drygalski Tongue

테라노바만
Terra Nova
Bay

로스 빙붕
Ross Ice Sheet

로스해
Ross Sea

빅토리아랜드
Victoria Land

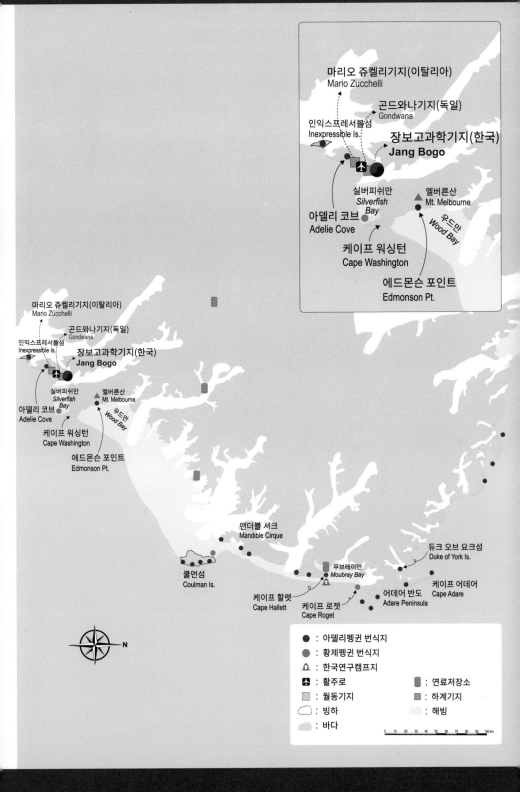

마리오 쥬켈리기지(이탈리아)
Mario Zucchelli

곤드와나기지(독일)
Gondwana

인익스프레서블섬
Inexpressible Is.

장보고과학기지(한국)
Jang Bogo

멜버른산
Mt. Melbourne

실버피쉬만
Silverfish Bay

우드만
Wood Bay

아델리 코브
Adelie Cove

케이프 워싱턴
Cape Washington

에드몬슨 포인트
Edmonson Pt.

마리오 쥬켈리기지(이탈리아)
Mario Zucchelli

곤드와나기지(독일)
Gondwana

인익스프레서블섬
Inexpressible Is.

장보고과학기지(한국)
Jang Bogo

실버피쉬만
Silverfish Bay

아델리 코브
Adelie Cove

케이프 워싱턴
Cape Washington

에드몬슨 포인트
Edmonson Pt.

멜버른산
Mt. Melbourne

우드만
Wood Bay

맨더블 셔크
Mandible Cirque

듀크 오브 요크섬
Duke of York Is.

쿨먼섬
Coulman Is.

무브레이만
Moubray Bay

케이프 어데어
Cape Adare

케이프 할렛
Cape Hallett

케이프 로젯
Cape Roget

어데어 반도
Adare Peninsula

N

● : 아델리펭귄 번식지
● : 황제펭귄 번식지
⌂ : 한국연구캠프지
✈ : 활주로
▨ : 월동기지
⬭ : 빙하
▨ : 바다
▮ : 연료저장소
▮ : 하계기지
▨ : 해빙

0 10 20 30 40 50 60 70 80 90 100 km

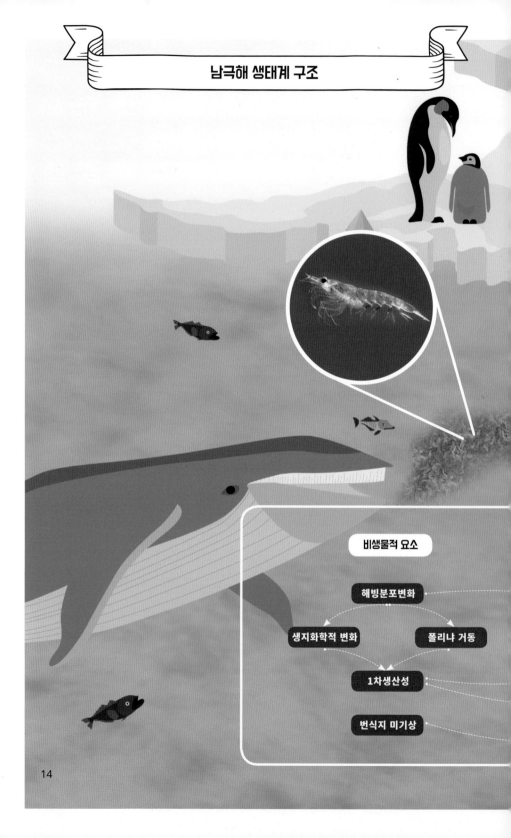

남극해 생태계 구조

비생물적 요소

해빙분포변화

생지화학적 변화   폴리냐 거동

1차생산성

번식지 미기상

14

남극해의 생태계는 서식지 환경(비생물적인 요소)과 그 안에서 살고 있는 생물들(생물적 요소)로 구성되어 있다. 바다얼음(해빙) 분포의 변동은 바닷물의 생지화학적 특성과 식물플랑크톤이 광합성을 할 수 있는 폴리냐(해빙이나 해빙덩어리 사이에 바닷물이 노출된 상당히 큰 수역)의 형성 시기와 면적을 좌우한다. 이러한 환경요인은 1차생산자의 생물량과 종 다양성 및 먹이망 구조 등 생물적 요소들에게 영향을 미친다. 먹이사슬은 크게 식물 플랑크톤-동물 플랑크톤(주로 크릴)-포식동물(어류, 펭귄, 바닷새, 고래, 물범 등)로 연결되어 있으며, 이 연결고리 중 어느 하나라도 문제가 발생하면 생태계의 안정성이 위협받게 된다. 어업활동으로 인한 특정어종의 남획 또한 먹이사슬을 붕괴시키는 주요 원인으로 작용할 수 있다.

생 태 계

생물적 요소

종 다양성

크릴 분포/생물량

먹이사슬/망

상위포식자
개체군생태

생물농축

취식지 활용/
행동반응

제1부

펭귄들의
영원한 고향

아델리펭귄과 황제펭귄의 고향 로스해

　장보고과학기지가 남극대륙에 자리 잡기 전까지 우리의 펭귄 조사영역은 남극반도 끝자락에 위치한 킹조지섬(King George Island)에 국한되어 있었다. 그곳은 주로 젠투펭귄, 턱끈펭귄, 아델리펭귄이 번식하는 지역이다. 주변 사람들은 내가 남극에서 조류연구를 한다고 하니 당연히 황제펭귄을 조사할 것이라고 생각한다. 하지만 장보고기지에 첫 발을 내딛었던 2014년 3월 이전까지 나는 황제펭귄의 그림자조차 보지 못했다. 바다 건너 세종과학기지 맞은편의 러시아기지 앞 해안에는 일 년에 한두 마리가 나타난다고들 하지만 킹조지섬에서 내가 그들과 만날 인연은 없었나 보다. 아니 내가 황제펭귄들을 만나야 할 운명의 시기와 장소는 따로 정해져 있었다. 이제껏 보아왔던 무리와는 비교도 되지 않을 어마어마한 수의 아델리펭귄들도 함께….

　드넓은 남극권역 내에서도 로스해와 그 인접 연안은 생태적으로 매우 중요한 지역 중 하나이다. 로스해에는 전 세계 아델리펭귄의 32%, 황제펭귄의 26%가 번식하며, 어류를 사냥하는 범고래(Type C)의 50%가 서식하는 지역이다. 이들은 모두 크릴이나 어류를 주식으로 살아가는 상위 포식자들이다. 수많은 포식자들이 그 해역에 집중적으로 모여 사는 이유는 무엇일까?

　야생동물의 성공적인 번식을 위해서는 몇 가지 조건이 필요하다. 첫째, 알이나 새끼를 낳고 이들이 독립할 수 있을 때까지 키워낼 수 있는 서

황제펭귄이 먹이사냥을 떠나기 위해
물속으로 뛰어들고 있다.

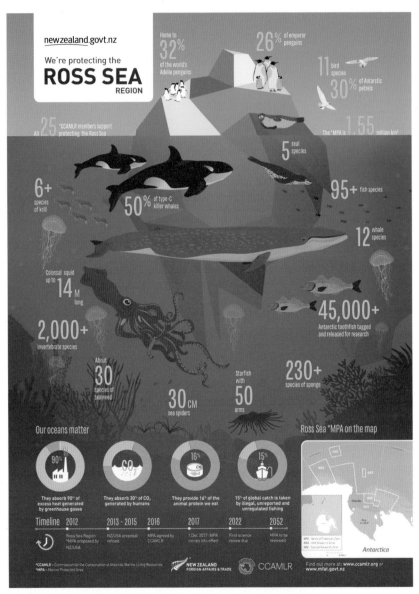

뉴질랜드의 외교통상부(New Zealand Ministry of Foreign Affairs and Trade)에서 발행한 로스해의 대표적인 해양동물 포스터

로스해는 전 세계 황제펭귄의 26%와 아델리펭귄의 32%가 번식하는 곳이다.

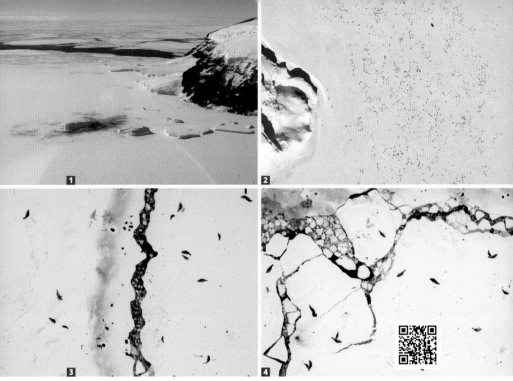

1~2 쿨먼섬(Coulman Island, 왼쪽)과 케이프 로젯(Cape Roget, 오른쪽). 여름 동안 바다얼음이 안정적으로 유지되는 곳에 황제펭귄의 번식지가 형성된다. ⓒ정호성
3~4 바다얼음의 갈라진 틈을 따라 웨델물범들이 자리를 잡고 새끼를 키워낸다.

식지가 있어야 한다. 특히 집단으로 번식하는 펭귄들에게는 수많은 개체들을 수용할 수 있는 드넓은 공간이 확보되어야 한다. 둘째, 서식지의 인접 바다에는 어미가 번식을 하고 새끼를 부양하는 데 필요한 먹이생물이 풍부해야 한다. 셋째, 지속적인 먹이 확보를 위해서는 식물 플랑크톤에서부터 상위포식자(바닷새, 물범 및 고래류 등)까지 안정적으로 연결되는 건강한 생태계가 유지되어야 한다.

로스해는 이 모든 것을 충족하는 지역이다. 바다와 접한 로스섬(Ross Island) 일대와 빅토리아랜드(Victoria Land)에는 얼음으로 덮인 빙상과 빙하, 수증기를 내뿜는 활화산, 높고 가파른 산들로 이어진 산맥이 자

로스해에는 웨델물범이나 펭귄을 잡아먹고 사는 범고래(Type B)도 서식한다.

리 잡고 있지만 해안가에는 땅이 드러난 지역도 나타난다. 이러한 지역들 중 아델리펭귄이 걸어서 올라갈 수 있는 장소에는 집단 번식지가 형성된 곳도 있다.

　여름에 바다얼음이 늦게 녹는 일부 지역에서는 수많은 황제펭귄들이 알을 낳고 새끼를 키워내고 있다. 끝이 보이지 않는 바다얼음 위에는 먹이 사냥을 나가거나 사냥을 마치고 둥지로 돌아오는 펭귄들의 행렬이 줄을 잇는다. 둥지에서는 위장 안에 가득 담아온 크릴을 새끼들에게 먹여주는 어미 아델리펭귄들의 바쁜 모습을 볼 수 있다. 로스해는 수많은 펭귄들이 나고 자란 고향인 것이다.

로스섬과 빅토리아랜드 연안의 다양한 지형
1 가파른 산으로 이어진 산맥
2 얼음강이라 불리는 빙하(氷河)
3 센 바람에 눈이 쌓이지 못하고 지표면이 드러난 지역
4 남극에서 두 번째로 큰 로스섬의 에레부스 화산(Mount Erebus, 해발 3,794m)
5 드라이갈스키 빙설(Drygalski Ice Tongue)
6 로스 빙붕 위에서 운영되는 해빙활주로

1~2 빙하가 후퇴한 흔적이 확연하게 보이는 듀크 오브 요크섬(Duke of York Island)에 형성된 아델리 펭귄 번식지

너무나도 먼 곳이기에 사람의 손길이 닿지 않았을 것만 같은 로스해와 빅토리아랜드는 남극대륙 개척의 시발점이었으며 현재에는 과학기지가 들어서 있고 바다에서는 원양어업이 행해지고 있다. 우리 팀을 비롯한 많은 과학자들도 다양한 연구를 수행하기 위해 이 지역을 방문한다. 이러한 인간의 활동들은 자연환경과 펭귄 서식지에 흔적을 남기고 있다. 우리는 현재 진행 중인 환경변화가 펭귄의 고향에 미치는 영향을 직접 목격하며 그 심각성을 실감한다.

지구에서 가장 추운 곳에 번식하는 새인 아델리펭귄과 황제펭귄. 나는 펭귄들과 함께 살아보면서 이들 고향의 과거와 미래에 대해 알고 싶어졌다. 펭귄들은 혹독한 극지 환경에서 생존하기 위해 어떻게 적응해왔으며, 다가오는 환경변화에 어떻게 대응해 나아갈 것인가? 그리고 로스해는 해마다 펭귄들이 찾아오는 고향으로 오래 남을 수 있을 것인가, 아니면 먼 훗날 이야기로만 전해지는 전설 속의 장소가 될 것인가?

누구 허락받고
여기에 텐트쳤어?

1~4 우리가 연구라는 명분으로 펭귄들을 괴롭히고 있는 것은
아닐까?

27

스콧원정대가 남긴 100년 전 펭귄 관찰기록

미지의 세상인 남극대륙 탐사가 한창 진행되던 1841년에 제임스 로스 (James Ross) 선장은 빅토리아랜드 말단에 위치한 곳을 발견하고 친구인 어데어(Adare) 자작의 이름을 따 케이프 어데어(Cape Adare)라는 지명을 부여했다. 그 이후 1899년 노르웨이의 탐험가 카르스텐 보르크그레빙크(Carsten Borchgrevink)는 남극대륙 최초의 건축물로 기록된 두 채의 오두막을 지었다. 현재 건물의 일부가 아직 남아있으며 그 역사적인 가치를 인정받아 남극의 사적지 및 기념물 22호(Historic Sites and Monuments, HSM 22)로 지정되어 보존되고 있다. 이 건물에 대한 역사는 영어, 프랑스어, 러시아어, 스페인어 등 4개 국어로 제작된 안내판에 새겨져 있다.

케이프 어데어는 세계 최대 규모(2012년 기준 약 227,000쌍. Lyver et al., 2014)의 아델리펭귄 번식지가 펼쳐져 있어 생태적으로 중요한 지역이며 일부 구역은 남극특별보호구역(No. 159)으로 지정되어 서식지가 보호되고 있다. 스콧 원정대(1910~1913년)의 일원이었던 조지 머레이 레빅(George Murray Levick)도 이곳에 머물며 1911년과 1912년에 아델리펭귄의 번식행동을 관찰하여 기록으로 남겼다.

우리가 갔을 때는 보르크그레빙크의 오두막과 지붕이 사라진 창고건물이 남아있었고, 스콧의 오두막(Scott's Northern Party Hut)은 건물 벽체가 분리되어 바닥에 누워 있었다. 건물 주변에는 그 당시에 사용했

ASPA No. 159
(Historic Site &
Monument No.22)

1 빅토리아랜드의 최북단에 위치한 케이프 어데어의 아델리펭귄 번식지 전경
2 남극 사적지 및 기념물(Historic Sites and Monuments, HSM 22)로 지정된 케이프 어데어의 유적
분포 지도(남극특별보호구역 No. 159 관리계획서)
3 아델리펭귄의 둥지에 포위된 보르크그레빙크의 오두막

1~2 지금은 보르크그레빙크의 오두막과 창고 사이의 공간뿐 아니라 스콧의 오두막이 무너진 자리도 펭귄 번식지의 일부가 되어 있다.
3~4 영어, 프랑스어, 러시아어, 스페인어 등 4개국어로 제작된 보르크그레빙크 오두막의 안내판. 최근에 관리가 되지 않아 스페인어 안내판은 떨어져나가 바닥에 놓여 있다(오른쪽).

던 물품들의 잔해가 널려있고 연료로 사용하려던 석탄은 줄을 맞추어 가지런히 놓여있다. 놀라운 건 인간이 떠나고 버려진 건물터나 물건들 위에 펭귄들이 둥지를 틀고 있다는 것이다. 오랜 시간 거센 눈바람에 깎여나가 바닥만 남은 드럼통의 밑동마다 둥지가 들어서 있고, 세숫대야같이 생긴 사물 위에도 펭귄이 알을 낳아 품고 있다.

조지 머레이 레빅은 아델리펭귄의 동성애, 새끼들에 대한 성적 및 육체적 학대, 암컷 사체와의 교미시도 등의 내용을 자신의 관찰 수첩에 남

1~2 연료로 사용하려다 남겨진
석탄박스 위에 자리 잡은 아델리
펭귄의 둥지
3 남극의 거센 바람에 깎여 나가
밑동만 남은 드럼통에도 펭귄
둥지가 들어차 있다.
4 세숫대야처럼 생긴 잔해물
위에도 둥지가 지어졌다.

저 집이 더 좋아
보이는데…?

졌다. 세상에 알리기에는 너무 충격적인 내용들이라 이 사실을 그리스어로 기록하여 일반인들이 접하지 않기를 바랐다. 또한 공개적으로 출판하기에 민망하다고 여겼는지 이 기록은 공식 원정보고서에도 실리지 못했다. 100여 년이 지난 2012년에 더글러스 러셀(Douglas G. D. Russell)이 『Polar Record』에 투고한 「아델리펭귄의 성적 습성에 관한 조지 머레이 박사의 미발표 노트」를 통해 이러한 내용이 공개되면서 아델리펭귄의 행동 특성이 재조명되고 있다.

연구노트에 기록된 내용은 매우 자극적이었으며 우리나라 언론이 아델리펭귄의 일탈적인 특성만 부각시켜 보도한 적이 있었다. 심지어 아델리펭귄 연구를 위한 사업계획 발표 때도 심사위원 중 한 분이 그 기사를 들어 하필 그 많은 펭귄 중에 난잡한 아델리펭귄을 택했냐는 곤란한 질문도 하셨다. 이는 아델리펭귄의 번식에 대한 첫 관찰기록이었기에 그들의 행동양식에 대한 이해가 부족했고, 펭귄의 행동을 인간의 윤리와 도덕의 관점에서 판단했기 때문에 생긴 오해에서 비롯된 것이다. 일부 내용은 번식경험이 없는 어린 개체들이 학습하는 과정에서 표출하는 행동에 관한 것이었는데 그것이 종 전체의 특성인 것으로 오해된 것이다. 우리의 지식이 부족함을 깨닫지 못하고 인간의 잣대로 야생동물 행동의 도덕성을 평가하는 것이야말로 얼마나 오만하고 어리석은가.

케이프 어데어는 남극 개척사의 유산과 아델리펭귄의 첫 관찰기록을 남긴 곳이다. 그와 동시에 조지 머레이 레빅은 후배 연구자들에게 밝혀내야 할 수많은 숙제를 남겨주었다. 그래서 100여 년이 지난 오늘날에도 우리를 포함한 연구자들이 그곳을 꾸준히 방문하는 것이다.

아델리펭귄의
첫 행동관찰기록이란
말씀이야...

1 케이프 어데어에서 아델리펭귄의 행동기록을 남긴 조지 머레이 레빅 ©Herbert Poiting
2 아델리펭귄의 관찰 내용이 당시의 일반인들에게 알리기엔 너무 충격적이어서 'Zoological notes from Cape Adare'에 그리스어로 기록했다.(Russell et al., 2012)
3 100년 전 조지 머레이 레빅 박사의 뒤를 이어 우리가 케이프 어데어에서 펭귄조사를 수행하고 있다.

인간에게 빼앗긴
번식지를 재건한 펭귄

또 다른 아델리펭귄 번식지인 케이프 할렛(Cape Hallett)에도 인간의 흔적이 곳곳에 남아있다. 지금은 여름철에 우리 연구진만 머물면서 연구를 수행하고 있지만 예전에는 이곳에서도 과학기지가 운영되었던 적이 있었다. 미국과 뉴질랜드는 이곳에 케이프 할렛기지를 공동으로 건설하고 1956~1957년부터 사용해 왔다. 그러나 1964년에 화재가 발생하여 기지의 정상적인 운영이 어려워지자 뉴질랜드 연구진은 철수해버렸고, 1973년 이전까지 미국 연구진이 하계연구기지로 활용했다. 그 이후 미국과 뉴질랜드 양국이 기지 운영을 포기하면서 건물들은 철거되었고 때때로 그들이 설치해 놓은 자동기상관측장비를 점검하기 위해 잠시 방문하고 있을 뿐이다.

기지는 역사 속으로 사라졌지만 곳곳에는 아직 인간의 흔적들이 남아 있다. 과거에 쓰레기를 매립했던 곳이 파도에 깎여나가자 해안의 단면에 다양한 생활용품이 드러난다. 기지 대원들이 즐겨보았을 영화필름도 얼굴을 내밀고 있었다. 포크와 나이프, 깨진 접시조각 등도 지표면에 고스란히 남아있다. 파도가 해안의 자갈을 씻어내자 묻혀있던 철제 폐기물들이 지상에 드러나기도 한다.

가장 눈에 띄는 것은 펭귄 번식지에 남아있는 폐기물들이다. 전봇대 밑동과 지하에 매설되었던 케이블들이 둥지 곁에 솟구쳐 있다. 연료를 보관했던 드럼통도 여기저기에 방치되어 있는데 펭귄들이 그 옆이나 빈

©김종우

로스해의 대표적인 아델리펭귄 번식지 중 하나인

케이프 할렛(Cape Hallett)

화재 전인 1960년(왼쪽), 화재 후 철수 전인 1983년(중앙), 기지 철수 후 2017년(오른쪽) ©USGS

1~8 영화필름부터 나이프까지
다양한 생활용품들이 케이프 할렛
구석구석에 남아있다.

공간에 둥지를 틀기도 했다. 이 폐기물들을 어찌해야 할까? 공동연구자인 뉴질랜드 와이카토 대학(University of Waikato)의 크레이그 케리(Graig Cary) 교수와 현장에서 이 문제를 논의했다. 그는 "기지를 철수할 때 확실히 제거했어야 했다. 그러나 지금 남아있는 큰 것들은 이미 번식지 환경의 일부가 되어 있고, 펭귄들도 적응해서 살고 있다. 오히려 지금 그것들을 제거하면 또 다른 환경교란을 야기할 수 있으니 신중히 생각하는 것이 좋겠다."라는 의견을 내놓았다. 이는 '환경보호에 관한 남극조약의정서'(또는 마드리드의정서, Madrid Protocol)의 제3부속서(폐기물 처리 및 관리) 2조의 '그 밖의 다른 고체불연성 폐기물' 항에 명시된 "드럼통과 고체 불연성 폐기물을 제거할 의무는 어떤 실용적인 선택에 따라 행한 동 폐기물의 제거가 그들을 현재의 위치에 그대로 두는 것보다 환경에 더욱 해로운 영향을 일으킬 경우에는 적용되지 아니한다."라는 문구와 일맥상통한다.

케이프 할렛기지는 펭귄들의 번식지 위에 건설되었다. 기지 터를 확보하기 위해 약 3,318마리의 새끼가 포함된 펭귄들이 쫓겨났다(Reid, 1964). 1960년에 촬영된 항공사진에서는 기지 주변에 수많은 둥지들의 모습을 볼 수 있는데, 인간이 빼앗기 전까지 기지 터에도 많은 펭귄들이 번식했을 것으로 추정된다. 1983년 사진에서는 기지 권역 내에 펭귄 둥지가 거의 없는 것으로 보아 지속적인 교란으로 번식을 수행하기 어려운 환경이 되자 펭귄들이 다른 곳으로 이주했을 것으로 생각된다.

2016년부터 우리 연구팀이 무인항공기(드론)를 활용하여 촬영해 보니 기지 터에 번식 소집단들이 빼곡하게 들어차 있었다. 번식지를 빼앗았던 과거가 미안했던지 미국과 뉴질랜드 연구진들이 건물을 철거하면서 펭귄

아늑한 우리집을
지켜주세요.

1 전봇대로 사용하던 나무기둥이
일정한 간격으로 배치되어 있다.
2~4 이미 펭귄 번식지의 일부가
되어버린 드럼통. 이것을 치우는
것이 환경 보호일까, 아니면 또 다
른 훼손일까?

들이 다시 번식할 수 있도록 배려하여 인공 둔덕을 쌓았다. 이후 그곳에 다시 둥지가 들어서고 있다(Wilson et al., 1990). 뉴질랜드의 기지운영팀은 인공 둔덕의 위치, 크기 및 형태를 연구프로그램 보고서(NZARP 1987/88)에 기록해 두었다. 우리가 무인항공기 사진을 활용해 작성한 입체 지도에서도 그 위치와 형태가 파악된다. 주변 지형지물의 배치와 어울리지 않는 둔덕들이 눈에 띄었고,

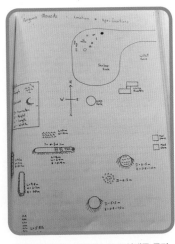

건물을 철거하고 인공적으로 조성해준 둔덕의 위치, 형태 크기를 기록한 보고서(NZARP 1987/88)

둔덕들의 위치가 옛 기지 건물터와 일치하고 있다는 것을 확인했다. 둔덕 위에는 이미 수많은 펭귄 둥지들이 자리 잡고 있었다.

우리 연구진도 2018년 3월에 남극특별보호구역 관리계획서에 명시된 캠프 허가지역에 건물을 지어놓고 매년 여름 그 건물에 의존하며 현장조

1983년까지 남아있던 기지 건물(왼쪽)을 철거하고, 인공적으로 만든 둔덕 위에 아델리펭귄의 번식지(중앙, 2017년 촬영)가 들어섰다. 입체사진(오른쪽) 내에서 지형이 높을수록 붉은색을 띤다.

옛 기지 터에 인위적으로 쌓아놓은 둔덕 위에 아델리펭귄들이 들어와 살고 있다.

사를 수행하고 있다. 캠핑지역은 펭귄 번식지와 떨어진 곳에 위치하고 있어 예전 기지 터에서의 생활에 비하면 비하면 우리의 활동이 그들에게 미치는 영향은 그리 크지 않을 것이라 생각한다. 관리계획서에 의하면 이 구조물은 연구기간에만 한시적으로 설치할 수 있다. 즉, 훗날 연구가 종료되어 이곳을 다시 찾지 않게 되는 날이 온다면 우리도 이 건물을 철수해야만 하는 것이다. 케이프 할렛기지의 전례를 교훈삼아 인간의 흔적을 최대한 지우고 떠나야 할 것이다.

케이프 할렛의 펭귄들도 인간이 들어오지 않았더라면 그 땅에서 편안하게 살고 있었을 텐데 기지를 짓기 위해 서식지를 강제로 빼앗겼다. 인간이 철수하면서 쌓아놓은 인공 둔덕에 펭귄들이 돌아왔으니 모범적인 보존조치 이행으로 평가받을 수 있을지는 모르겠지만 앞으로는 이러한 훼손과 복구가 되풀이 되지 않도록 반성하고 교훈을 얻는 것이 먼저일 것이다. 이곳에 캠프를 구축하고 장기 펭귄 생태연구를 총괄하는 연구책임자로서 환경보존 및 관리 이행 의무에 어깨가 무겁다.

1~2 우리 연구진도 펭귄서식지에서 멀리 떨어진 곳에 위치하는 캠프 허가지역(남극특별보호구역 No. 106 관리계획서)에 작은 펭귄 연구기지를 세웠다.
3 펭귄 조사캠프를 방문한 아델리 펭귄
4~5 최대한 주의하며 생활해도 인간이 사는 곳에는 쓰레기가 발생하기 마련인가 보다. 연구원들은 캠프 철수 전에 우리의 흔적을 남기지 않으려 노력한다.

쓰레기를 줍는 것도 조사만큼 중요합니다.

펭귄의 미라가 뒹구는 천년의 번식지

수많은 펭귄들이 번식지에 빼곡하게 자리를 잡고 새 생명의 탄생을 준비한다. 새끼가 부화하면 번식지는 펭귄들로 더욱 붐비게 된다. 그런데 그곳엔 살아있는 펭귄만큼이나 많은 망자들이 그들 곁에 남아있다. 둥지에서는 새 생명이 태어나고 자라나고 있지만 바로 그 옆에는 제 수명을 다하지 못하고 생을 마감한 동물들의 사체가 뒹굴고 있다. 달리 말하면 번식지 도처에 사체가 널려있다. 심지어는 웨델물범, 황제펭귄뿐 아니라 아델리펭귄의 포식자인 남극도둑갈매기도 미라가 되어 함께 남아있다. 살아있는 펭귄들은 이러한 주변 환경에 개의치 않고 자신들의 할 일을 하고 있을 뿐이다. 심지어는 사체 옆에 둥지를 짓기도 했다. 이 망자들은 어떻게 이곳에 남아있게 된 것일까?

몸집이나 골격을 보았을 때 사체들의 대부분은 번식기간 중에 죽은 어린 펭귄들이었다. 오래된 사체는 거의 흰색으로 색이 바랬고, 비교적 최근에 죽은 개체들은 펭귄 고유의 검은색과 흰색 깃털이 보존되어 있었다. 골격뿐 아니라 피부와 깃털, 심지어 장기의 일부가 보존된 경우도 있다. 사체가 미라화(mummification)되었기 때문이다.

미라는 다양한 방식으로 만들어진다. 우리에게 익숙한 이집트의 미라는 종교적인 이유로 파라오의 부활을 기다리며 인위적으로 제작되었다. 부패를 막기 위해 내장을 제거하고 약품을 사용하여 방부처리를 한 것이다. 우리나라에서도 시신이 안치된 관을 석회로 둘러싸서 매장했던

케이프 할렛 곳곳에 산재하고 있는
아델리펭귄의 미라

1 미라가 있더라도 개의치 않고 바로 옆에 둥지를 지은 아델리펭귄
2 남극도둑갈매기도 펭귄 미라를 의식하지 않고 바로 옆에 둥지를 틀기도 한다.
3 아델리펭귄 포식자인 남극도둑갈매기 새끼들도 생존에 실패하면 미라로 남는다.
4 물범도 사후 미라가 되어 가죽과 뼈만 남긴다.
5~6 대부분의 미라들은 성체가 되지 못하고 사망한 어린 펭귄들의 유해들이다.

조선시대의 회곽묘에서 온전히 보존된 미라가 발굴되기도 한다. 1991년에는 알프스 산맥의 얼음에 갇혀 미라가 된 청동기 시대 중년남성 외치(Ötzi)가 발견된 적도 있다. 로스해의 빅토리아랜드 연안은 매우 춥고 건조하기 때문에 이곳에서 발견된 펭귄 사체들은 수분이 빠져나가면서 미라가 된 경우이다. 우리가 식품을 오래 보관하기 위해 냉동 건조하는 것과 같은 원리이다. 현재 로스해 연안의 지표에 드러난 펭귄 미라 연령은 최고 1,000년 전까지로 거슬러 올라갈 수 있다(Baroni and Orombelli, 1994; Lambert et al., 2002).

케이프 할렛, 케이프 어데어, 인익스프레서블섬에 산재하고 있는 펭귄들의 미라는 이미 그 지역 지형지물이 되어 있다. 대부분은 구아노층(Guano layer) 속에 묻히거나 일부가 드러나 있고, 일부는 물살에 떠밀려 연못가에 가지런히 정착하거나 다른 개체 둥지의 부분적인 재료가 되어 있으며, 또 다른 이들은 바람을 타고 날아가 바다얼음 위에 뒹굴고 있다. 펭귄이 산란하기 전 빼앗아 먹을 알이 없을 때에는 남극도둑갈매기들이 펭귄 미라를 육포처럼 뜯어먹으며 허기를 달래기도 한다.

해마다 수만 마리의 아델리펭귄들이 알에서 깨어나고 있다. 이들 중 무사히 자라 바다로 떠날 수 있을 때까지 몇 마리나 살아남을 수 있을까? 2019~2020년에는 케이프 할렛의 총 43,704개의 둥지에서 31,969마리의 새끼가 보육원에 가입할 때까지 살아남았다. 모든 펭귄 암컷이 두 개의 알을 낳았다고 가정했을 때 총 87,408마리의 새끼가 태어나게 되므로 약 37%만 살아남고 나머지 63%인 55,439마리는 죽었다는 결과가 나온다(해양수산부 3차년도 연차실적계획서). 살아남은 펭귄 중 번식지를 떠날 때까지 생존한 개체는 더욱 감소하게 될 것이다. 케이프 할렛에는 서

1~3 구아노층에 묻힌 미라는 지층에 남겨진 화석들처럼 이곳의 역사를 간직하고 있다.

4~6 거센 바람은 육상의 미라들을 바다로 날려 보낸다. 얼음이 녹으면 물속에서 분해되면서 자연에 받았던 양분을 바다에 되돌려줄 것이다.

7 케이프 어데어의 연못가에는 물에 떠밀려온 미라들이 가지런히 정렬되어 있다. 연못의 수위 변동에 따라 정렬 형태도 함께 변할 것이다.

8 아델리펭귄이 알을 낳기 직전까지는 남극도둑갈매기들의 보릿고개이다. 이들은 아델리펭귄의 미라를 뜯어먹으며 허기를 달랜다.

오랜 시간동안 남극의 풍파를 맞아 골격이 드러나고 깃털과 피부가 흰색으로 변한다.

기 400년에서 700년 사이에 펭귄 서식지가 형성되었을 것이라 추정되므로(Harrington et al., 1958) 지난 1,000년이 넘는 기간 동안 얼마나 많은 망자들이 이곳에 잠들어 있을지 추정하기는 쉽지 않다.

아델리펭귄의 미라는 과학자들에게 과거의 정보를 제공해주고 있다. 미라에서 채집된 깃털, 발톱, 피부에서 안정동위원소를 분석하여 펭귄 번식지의 역사와 그들이 섭취했던 먹이생물을 규명하는 데 활용되고 있다. 미라의 일부는 바다로 유입되거나 토양 위에서 부식되어 그 주변 환경을 비옥하게 만드는 데 일조할 것이다. 아델리펭귄은 죽어서도 자연으로부터 얻은 것을 그대로 되돌려주고 있다.

드론으로 내려다본 펭귄 번식지

킹조지섬의 나레브스키 포인트(일명 펭귄마을)에서 젠투펭귄과 턱끈펭귄 두 종 합쳐 5,000여 개의 둥지수를 세는 것은 연례행사였다. 그나마도 하루에 끝내기 어려워 한 종씩 거의 이틀에 걸쳐 세어야 마무리할 수 있었다. 그런데 남극대륙의 아델리펭귄 번식지인 케이프 할렛에는 그 수치의 10배가량이나 되는 둥지가 있었다. 이 어마어마한 번식지 규모 앞에서 잠시 넋을 놓고 말았다. 그렇지만 우리에게는 무인항공기(드론)라는 비장의 무기가 있었기에 항공촬영 모니터링 기법이라는 신기술을 믿어보기로 했다.

우리는 드론으로 케이프 할렛 전역의 사진을 촬영했고 이 사진들을 연결하여 번식지 전체의 고해상도 영상을 확보할 수 있었다. 모니터 화면에 비친 전경으로는 케이프 할렛의 생김새를 파악할 수 있으나 펭귄의 흔적은 찾아보기 어려웠다. 그러나 화면을 확대하니 검은 점들이 보이기 시작하고, 배율을 높일수록 점들은 펭귄들의 모습으로 변해간다. 결국엔 둥지의 위치와 개수를 파악할 수 있을 정도의 화면이 눈앞에 펼쳐진다. 우리는 지리정보시스템 소프트웨어를 사용하여 둥지 위에 점을 찍었으며, 이 점들의 개수와 위치정보가 자동으로 기록되어 편리하면서도 정밀한 자료를 얻을 수 있었다. 새끼들이 보육원을 형성할 시기에 촬영된 영상은 그해 태어난 새끼들의 수를 세는 데 사용되고 있다(Kim et al., 2018).

매년 촬영된 영상은 동 시기의 번식지 환경변화를 보여주기도 한다.

드론 한 대가 항공영상을 촬영하러
펭귄 번식지로 출발한다.

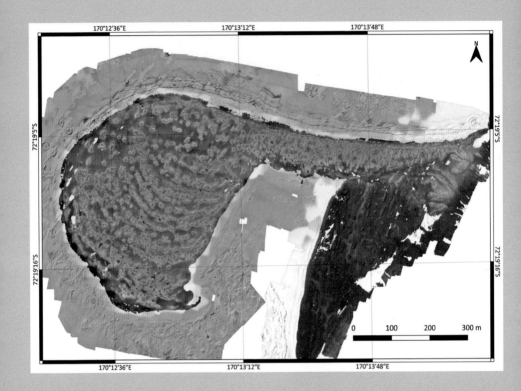

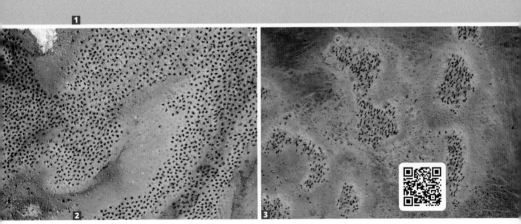

1 고해상도의 사진 수백 장을 하나의 이미지로 병합하여 탄생한 케이프 할렛의 전경 사진
2 아델리펭귄의 산란과 포란기 항공사진
3 아델리펭귄 육추기의 번식지 항공사진

특히 번식기 초기의 적설량의 차이가 번식소집단 형성에 미치는 영향을 시각적으로 확인할 수 있다. 2019년에는 매년 번식하던 장소에 눈이 쌓여 둥지를 지을 수 없게 된 펭귄들이 그곳을 포기하고 새로운 곳에 소집단을 형성하였다. 내륙에 자리 잡은 번식소집단은 형태나 규모가 안정적으로 유지되지만 해안가의 집단에서는 연간 변화가 크게 나타났다.

같은 장소를 정밀하게 촬영하기 때문에 아델리펭귄의 둥지 위치 변동 파악에도 이 기술을 활용할 수 있을 것으로 생각된다. 소집단 별 둥지의 분포 및 위치 변화를 보니 매년 같은 위치에 둥지가 생성되기도 하고 주변에 새로 생기기도 하는 양상이 파악되고 있다. 2017년에는 2016년에 사용했던 둥지 장소의 62.2%를 재사용하는 것으로 분석되었다(20개 번식 소집단 대상 분석결과, 해양수산부 2차년도 연차실적계획서). 다음 조사 때는 펭귄의 체내에 소형 개체인식 감지기(센서)를 이식하여 번식지 회귀 특성에 대한 연구를 수행할까 한다.

고해상도의 영상은 케이프 할렛에 남겨진 폐기물의 위치와 크기, 심지어는 재질까지 확인할 수 있을 정도의 해상도를 자랑한다. 100m 상공에서 0.74cm의 공간해상도를 갖추고 있으니 웬만한 물체들은 거의 다 식별된다. 앞으로는 인간이 세운 기지나 구조물을 철수할 때 고해상도 항공영상을 활용하면 폐기물을 거의 남기지 않고 깨끗하게 청소할 수 있지 않을까 기대해본다.

2017년에 나를 포함한 연구원 세 명이 약 4일에 걸쳐 아델리펭귄 둥지 수를 세어 본 적이 있다. 물론 그 당시에도 가장 큰 소집단의 카운팅은 포기했다. 그런데 드론을 사용했더니 불과 40분 만에 번식지 촬영이 끝났다. 후에 연구소에서 사진을 병합하고 개체수를 세는 데 3주 정도 걸렸지만 우리는 이 방법을 통해 보다 정확한 자료를 산출하고 조사자의 번식지 방문 시간을 단축시켜 펭귄에게 가해지는 교란을 최소화할 수 있었다. 드론 운용에 따른 교란 정도를 파악하기 위한 실험에서도 대형 드론은 100m, 중소형 드론은 50m 높이 이상에서 비행했을 때 펭귄들이 방해를 받지 않는다는 것도 확인했다(Kim et al., 2019). 현장조사를 위해 투입되는 인력을 줄이고 펭귄에게 방해를 덜 줄 수 있는 새로운 조사방법의 개발이 더욱 절실해지는 부분이다.

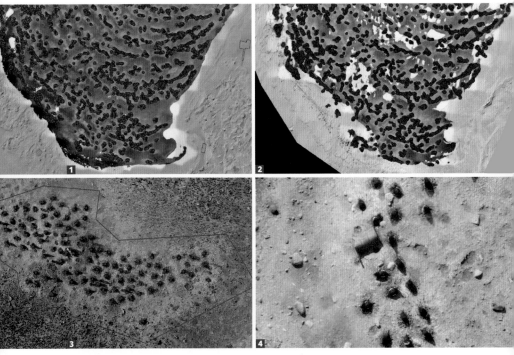

1 2018년 11월 서식지 모습
2 2019년 11월 서식지 모습
1~2 2019년에는 전년에 비해 케이프 할렛의 남서쪽 해안에 눈이 많이 쌓여서 번식집단의 위치 및 둥지 배치 양상이 달라졌다.
3 일부 번식쌍은 작년에 둥지를 지었던 장소를 재사용하기도 한다. 붉은점은 2016년, 파란 점은 2017년의 둥지 위치
4 드론 사진에 찍힌 케이프 할렛에 남겨진 폐기물

1 번식지마다 찾아가서 수동으로 둥지 수를 세는 전통적인 조사방법
2~6 이미지를 확대하면 펭귄들이 보이기 시작하고 둥지가 확인되면 개수를 센다.

제2부

남극대륙에서
살아남기

펭귄의 슬기로운 물속생활

하늘 대신 바다를 택한 펭귄들은 힘찬 날갯짓으로 물속을 누빈다. 대표적인 잠수성 조류인 가마우지류나 바다오리류는 하늘도 날고 물속을 헤엄치며 먹이를 구하지만 펭귄은 조류의 조상들이 누리던 하늘을 포기하였다. 이들은 크릴이나 어류 등의 해양생물을 사냥하며 살기 때문에 번식기를 제외하고는 거의 바다에서 생활한다. 펭귄들은 물속생활에 최적화된 유선형의 몸매를 가지고 있으며, 피부에는 물이 스며들기 어려울 정도로 깃털이 빽빽하게 들어차 있고 지느러미 형태의 날개와 물갈퀴 발을 지녔다.

현존하는 펭귄 중에서 최대 잠수 깊이 기록 보유종은 황제펭귄(564m)이다(Wienecke et al., 2007). 아델리펭귄의 최대 잠수 깊이는 약 175m(Whitehead, 1989)로 알려져 있으며, 케이프 할렛에 서식하는 개체 중에는 168.3m까지 잠수했던 기록이 있다(해양수산부 2차년도 연차 실적계획서).

펭귄은 아가미 호흡을 하는 어류가 아닌 폐호흡을 하는 동물이기 때문에 제아무리 수중생활에 적응되어 있어도 물 밖에서 공기를 들이마셔야 한다. 평온하게 수면에 떠 있을 때는 거북선의 용두(龍頭)처럼 머리가 공기 중에 노출되기 때문에 일상적인 숨쉬기를 한다. 잠수 중 숨을 내쉴 때는 헤엄치면서 부리를 통해 공기를 배출한다. 들숨 때에는 수면으로 떠올라 부리만 내밀어 공기를 흡입한다. 로스해의 대표 해양포유류인 웨델물

1 아델리펭귄은 수중생활에 최적화된 유선형 몸매와 지느러미 같은 날개, 물갈퀴 발, 피부에 빽빽하게 들어찬 깃털을 가지고 있다. ©서명호
2 물속에서 휴식을 취할 때 머리를 내어놓고 호흡하는 아델리펭귄 ©서명호
3 날숨 때는 헤엄치면서 부리를 통해 공기를 배출한다. ©서명호
4 들숨 때는 수면으로 떠올라 부리만 내밀어 공기를 흡입한다. ©서명호

범 역시 얼굴만 수면 위로 내놓고 호흡하는데, 물속에 있을 때는 콧구멍을 닫아 공기 유출을 막지만, 공기를 흡입할 때는 동그랗게 열어 놓는다.

펭귄들은 두꺼운 가슴근육에서 생성된 힘을 날개에 실어 강력한 추진력을 얻는다. 아델리펭귄은 얼음 위에서 평균 시속 2.5km의 속도로 걷지만, 물속에서는 시속 8.2km의 속도로 빠르게 이동할 수 있다. 황제펭귄의 수영 속도는 이들보다 빠른 시속 11km이다. 헤엄치는 속도를 높이면 깃털층이 압착되어 그 안에 간직하고 있던 공기들이 몸 밖으로 빠져나가기도 한다. 이들은 물속에서 장애물도 잘 피해가는 것으로 보인다. 아델

공기 흡입을 위해 물속에서 닫아놓았던 콧구멍을
둥글게 개방하고 있는 웨델물범

리펭귄들이 바닷속 얼음 틈사이도 거침없이 통과한다. 바다에서 다시 육상으로 올라갈 때는 수직 방향으로 빠르게 솟구친다. 종종 아델리펭귄과 황제펭귄들이 바다얼음 경계면으로 갑자기 뛰어오르는 장면이 연출되기도 한다.

남극의 바다는 잠수와 수영에 최적화된 펭귄들이 접수할 것 같지만 뛰는 놈 위에 나는 놈이 있는 법이다. 펭귄의 천적들은 번식지 앞에서 그들이 물속에 들어오기를 기다린다. 표범물범의 잠수 속도는 약 시속 40km이기 때문에 수중에서 펭귄들이 굶주린 물범들의 표적이 되면 살아남을 가능성은 매우 희박하다고 할 수 있다.

힘찬 날갯짓으로 바닷속을 누비는 아델리펭귄 © 서명호

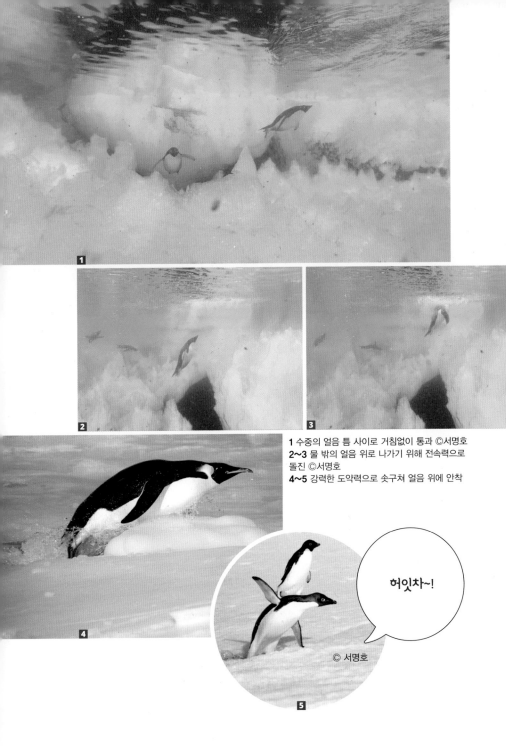

1 수중의 얼음 틈 사이로 거침없이 통과 ⓒ서명호
2~3 물 밖의 얼음 위로 나가기 위해 전속력으로
돌진 ⓒ서명호
4~5 강력한 도약력으로 솟구쳐 얼음 위에 안착

허잇차~!

ⓒ 서명호

그런데 나는 놈 위에도 대적불가(對敵不可)한 종이 존재한다. 2018년 12월 7일 케이프 워싱턴(Cape Washington)에서는 표범물범이 얼음 위에 올라와 황제펭귄의 번식지 안쪽으로 깊숙이 이동하는 모습이 관찰되었다. 이 종은 대개 물속에서 생활하고 떠다니는 바다얼음 위에서 휴식을 취하기 때문에 매우 이례적인 상황이다. 수중에서는 먹잇감을 수월하게 사냥하지만 육상에서는 행동이 굼뜨기 때문에 펭귄을 습격할 목적으로 올라온 것은 아닐 것이다. 20여 분 후 바다에서 범고래 무리가 나타났다. 남극해 최강 포식자인 범고래(물범이나 펭귄을 사냥하는 Type B)는 크기와 힘 모두 표범물범을 압도한다. 포악하기로 유명한 표범물범도 범고래의 한 끼 식사감에 불과하다. 표범물범도 대적불가한 존재의 출현으로 목숨을 부지하기 위해 범고래의 공격력이 미치지 못하는 곳으로 피신한 것은 아닌지 추측해본다.

펭귄들은 태생이 조류라서 호흡과 번식을 물 밖의 공기에 의존하지만, 생애의 긴 시간을 바다에서 보내는 종이라 신체구조, 생리 및 행동이 수중생활에 적응되어 있다. 먹이는 체내 물질대사에 필요한 에너지원이기 때문에 사냥감을 추적하기 위한 잠수와 수영 능력을 갖춰야 했을 것이다. 남극해 바다얼음의 계절적인 분포 변동에 따른 장거리 이동을 위해서도 이러한 능력은 필수적이다. 그러나 그들보다 움직임이 빠른 포식자들을 마주친다면 장거리를 헤엄쳐서 위기를 모면하는 것보다 가까운 바다얼음이나 육상으로 피하는 것이 생존확률을 높여 줄 것이다. 이렇게 펭귄들은 물속과 육상을 오가는 위험천만하지만 살아남기 위한 슬기로운 전략을 선택한 것으로 보인다.

물가를 떠나 황제펭귄 번식지 안쪽으로 올라온 펭귄 포식자 표범물범. 이 동물이 무서워하는 존재는 누구일까?
ⓒ서명호

황제펭귄 번식지 앞바다에 남극해의 최강포식자인 범고래 등장. 흰 물방울무늬는 이 종이 펭귄과 물범들을 사냥
하는 범고래(Type B)임을 나타낸다. 표범물범이 물속에서 아무리 빠르고 포악해도 이 범고래를 능가할 수는 없다.
ⓒ서명호

얼음 위에 살지만 동상이 뭔지 몰라요

남극에서 현장조사를 나갈 때 연구자들은 동상으로부터 발을 보호하기 위해 방수와 보온기능이 탁월한 신발을 신고 나간다. 이러한 신발로 무장한 덕분에 눈밭이나 얼음 위에서 장시간 서 있어도 추위로 인한 불편함을 거의 느끼지 못한다. 남극 개척기에는 동상으로 인한 인명피해가 잦았으나 극한지용 의류와 신발이 발달한 최근에는 불의의 사고로 조난당하는 경우를 제외하고는 동상으로 고생하는 사람을 거의 찾아보기 힘들다. 그러나 펭귄들은 예나 지금이나 신발은 커녕 얇은 양말 한 짝도 걸치지 않은 채 빙판 위에서 살아가고 있다.

아델리펭귄은 이동 시에 눈밭이나 얼음 위를 걸어다니고, 번식지에서는 차가운 땅 위에서 시간을 보낸다. 황제펭귄은 바다얼음 위에서 번식하기 때문에 물 밖에서는 맨발로 얼음을 밟은 채 생활하고 있다. 그럼에도 불구하고 펭귄들은 동상 걱정 없이 일상적으로 자신들이 해야 할 일들을 한다. 빙판 위에서 체온을 유지할 수 있는 이들만의 비결은 무엇일까?

쉬고 있는 황제펭귄 성체의 발 모양을 살펴보면 이들의 발바닥 전체가 얼음 바닥에 접해있지 않고 발뒤꿈치 부위만 닿아있음을 확인할 수 있다. 발가락 끝이 외부에 노출되어 있기도 하지만 추운 날에는 복부의 깃털 속에 파묻기도 한다. 이런 자세를 취하면 차가운 얼음 표면에 직접 닿는 면적이 줄어들어 체온 손실을 감소시킬 수 있다. 어미 품을 벗어난 새끼들도 같은 자세를 취한다. 같은 남극에 서식하는 아델리펭귄 등의 다른 펭

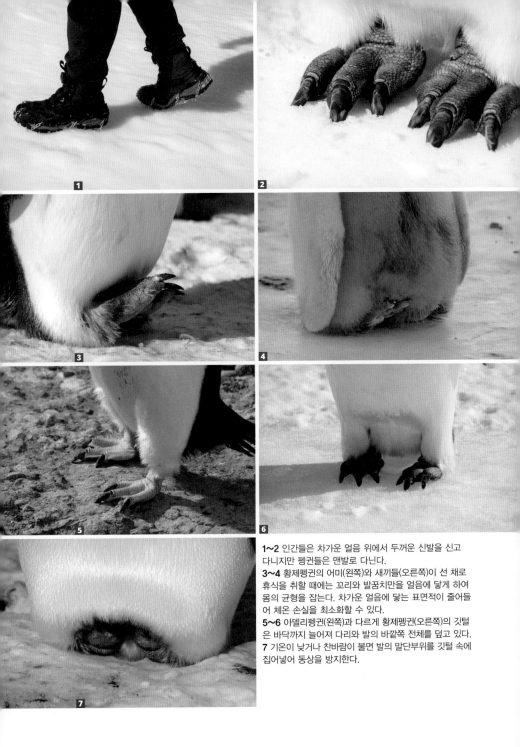

1~2 인간들은 차가운 얼음 위에서 두꺼운 신발을 신고 다니지만 펭귄들은 맨발로 다닌다.

3~4 황제펭귄의 어미(왼쪽)와 새끼들(오른쪽)이 선 채로 휴식을 취할 때에는 꼬리와 발꿈치만을 얼음에 닿게 하여 몸의 균형을 잡는다. 차가운 얼음에 닿는 표면적이 줄어들어 체온 손실을 최소화할 수 있다.

5~6 아델리펭귄(왼쪽)과 다르게 황제펭귄(오른쪽)의 깃털은 바닥까지 늘어져 다리와 발의 바깥쪽 전체를 덮고 있다.

7 기온이 낮거나 찬바람이 불면 발의 말단부위를 깃털 속에 집어넣어 동상을 방지한다.

황제펭귄 새끼도 추우면 머리와 발을 깃털 속에 파묻고 체온을 유지한다.

권들과는 다르게 발바닥까지 길게 늘어진 황제펭귄의 다리 깃털은 얼음 위로 불어오는 찬바람을 막아준다.

또 다른 비결은 다리와 발을 관통하는 혈관의 독특한 구조라 할 수 있다. 다른 동물들의 다리에서는 정맥과 동맥이 서로 동떨어진 곳에 위치하고 있지만, 펭귄을 포함한 조류의 다리에서 정맥은 그물 모양으로 동맥을 감싸고 있다. 이러한 혈관 배치 구조를 '괴망(怪網, wonder net)'이라 부른다. 펭귄의 심장에서 출발한 따뜻한 혈액은 굵은 동맥을 통해 다리와 발로 이동한다. 모세혈관을 거쳐 차갑게 식은 혈액은 정맥을 타고 심장으로 돌아갈 때 동맥의 열을 흡수하기 때문에 차가운 혈액이 체내로 유입되는 것을 방지한다. 가는 정맥이 동맥을 휘감고 있어 동맥의 열을 신속하게 흡수할 수 있기 때문에 가능한 것이다. 또한 이 과정에서 동맥 혈액의 온도가 낮아지기 때문에 얼음과 맞닿아 있는 발바닥에 도달했을 때 외부로의 열손실을 저감하게 된다. 이러한 기작을 '역류열교환(countercurrent heat exchanges)'이라 한다. 그래서 펭귄의 발 온도는 체온(약 39℃)보다 낮지만 동상에 걸리지 않고 심지어는 포란할 때 알에게 열을 전달할 수 있을 정도의 따뜻함을 유지할 수 있다.

우리는 남극의 혹독한 환경에서 살아가는 펭귄의 사진이나 영상을 볼 때마다 애잔한 마음으로 바라보며 걱정해주기도 한다. 하지만 오래전부터 그 환경에 적응하면 살아온 펭귄들에게는 인간들의 우려가 기우일 뿐이다. 펭귄들은 오히려 우리에게 '남극의 추위는 걱정 말고 지구 온난화와 환경오염이나 해결하라'고 촉구할지도 모른다.

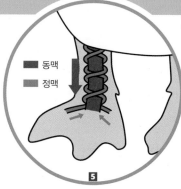

1~2 열화상 카메라로 촬영한 황제펭귄. 얼음 위에 서 있지만 깃털로 덮이지 않은 발의 온도는 높다.
3~4 발과 포란반(brood patch)으로 알에게 체온을 전달하는 아델리펭귄(왼쪽)과 포란 중인 알의 열화상 사진(오른쪽)
5 심장에서 출발한 따뜻한 혈액이 굵은 동맥을 타고 다리와 발에 전해지고, 발에서 심장을 향하는 차가운 혈액은 동맥을 둘러싼 가는 정맥을 타고 이동하면서 데워진다.(Pinguins info의 자료를 참조하여 다시 그림)

■ 동맥
■ 정맥

틈만 나면
깃털관리를 하는 펭귄

남극 캠프생활의 불편한 점 중 하나는 물이 부족하여 세수는 물론 머리도 감지 못하고 산다는 것이다. 2017년 11월 20일부터 29일까지 약 열흘간 케이프 할렛에서 나의 첫 남극 캠핑이 시작되었다. 날이 갈수록 얼굴에는 수염이 자라나고 머리카락은 기름기에 뭉쳐 몰골이 서서히 망가져간다. 내 평생 이렇게 씻지 않고 살았던 적이 있었나 싶다. 둘째 날부터 머리카락이 뭉치기 시작했고 넷째 날부터는 가려워 머리를 박박 긁지 않고서는 견딜 수 없는 지경이 된다. 모자를 벗으면 역한 냄새가 주위에 퍼진다. 캠핑을 마칠 즈음에는 도저히 내 본모습을 찾아보기 어려울 정도가 되어 있다. 그런데 펭귄들은 오히려 깃털에 기름을 바르기에 바쁘다. 새들의 몸에서 분비되는 이 기름의 역할과 기능이 무엇일까?

번식지 곳곳에서는 펭귄들이 열심히 부리로 깃털을 다듬고 있다. 펭귄에게 있어서 깃털은 차가운 눈바람을 막아주는 외투이며, 바닷속에서는 몸에 젖지 않게 차가운 물을 차단해주는 방수복 역할을 하기 때문에 생존을 위해 지속적으로 관리해 주어야 한다. 그래서 시간이 날 때마다 가슴, 배, 옆구리, 다리 등 부리가 닿을 수 있는 모든 부위의 깃털을 정성스럽게 고른다.

다른 조류들과 마찬가지로 펭귄들은 깃털 다듬기를 할 때 꼬리 쪽을 부리로 문지르는 행동을 한다(preening). 자세히 살펴보면 꼬리 쪽에 핑크색의 돌기가 돌출되어 있다. 이것은 미지선(尾脂腺) 혹은 기름샘이라

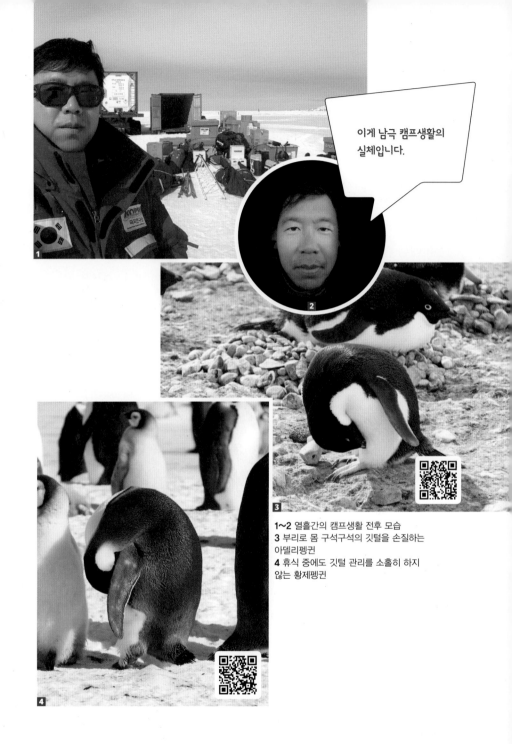

이게 남극 캠프생활의
실체입니다.

1~2 열흘간의 캠프생활 전후 모습
3 부리로 몸 구석구석의 깃털을 손질하는
아델리펭귄
4 휴식 중에도 깃털 관리를 소홀히 하지
않는 황제펭귄

불리며 대부분의 조류에서 찾아볼 수 있다. 펭귄들은 기름을 분비시키기 위해 이곳을 자극하고, 부리에 기름을 발라 깃털을 다듬는 데 사용한다. 인간들이 멋을 내기 위해 머리카락을 고정할 때 사용하는 '왁스'와 같은 기능을 한다고 생각하면 된다.

가지런히 정돈되고 기름칠이 잘 되어 있는 깃털은 방수층을 형성하기 때문에 펭귄들이 바다 깊은 곳에서 들어가도 피부에 물이 거의 닿지 않아 체온 손실을 방지할 수 있다. 바닷속에서 나온 펭귄들을 보면 깃털층 표면이 젖어있는 것처럼 보일 뿐 안쪽에는 물기가 거의 없다. 온몸을 덮은 기름 덕분에 펭귄들이 물속을 헤엄칠 때 마찰이 줄어들게 된다. 그래서 펭귄들이 물속을 날아다니는 것처럼 보이는 것이다. 아델리펭귄의 기름샘 무게는 체중의 약 0.169%에 불과할 정도로 매우 작은 기관이지만 (Chiale et al., 2014) 남극생활에서 중요한 역할을 담당한다. 하지만 해상의 기름유출 사고현장을 지날 때 기름이 깃털에 점착되면 오히려 마찰이 증가하게 되어 이동속도가 느려지는 것은 물론이고 생명까지 위협받게 된다. 아무리 좋은 물질이라도 과하지 않고 적정량을 사용하는 것이 효과를 극대화하는 방법일 것이다.

잠수를 하지 않는 남극도둑갈매기들에게도 깃털관리는 매우 중요하다. 찬바람으로부터 체온을 유지하기 위해서는 잘 정돈된 깃털들이 피부를 빈틈없이 덮어줘야 한다. 주로 해수면 근처 얕은 물에 분포하는 어류나 갑각류를 사냥하기 때문에 잘 다듬어진 깃털층은 바닷물이 피부에 직접 닿는 것을 막아준다. 눈이 내려도 겉에만 쌓일 뿐 내부는 거의 젖지 않는다.

사람의 두피(頭皮)에서는 피부가 건조해지는 것을 방지하기 위해 모

인사하는 거 아님!
깃털 관리 중~

1 핑크색 돌기가 아델리펭귄의 기름샘(preen gland)
이며 이곳을 부리로 자극하면 기름이 분비된다.
2 황제펭귄 새끼들도 부리로 솜털을 다듬는다.
3~4 부리로 기름샘을 자극하는 아델리펭귄(사진3)
과 황제펭귄(사진4)

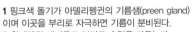

69

공(毛孔)을 통해 피지가 분비된다. 피지에는 글리세롤이 포함되어 있어 모발을 보호하는 기능을 하지만 세균이 번식하게 되면 악취가 발생하여 주변 사람들을 불쾌하게 만든다. 의복과 기능성 화장품이 발달한 현재에는 위생과 미용 때문에 매일 머리를 감아 기름기를 없애려는 것이 인간들의 일상생활이 되어 버렸다. 그러나 펭귄과 도둑갈매기들은 멋을 내기 위해서가 아니라 남극의 칼바람과 차가운 물로부터 체온을 유지해야만 살아남을 수 있기 때문에 틈만 나면 깃털에 기름을 바르는 것이다.

남극에는 세탁소가 없어서 드라이클리닝 못 맡겨요.

깃털을 다듬고 기름칠을 하는 남극도둑갈매기

아델리펭귄과 황제펭귄의 깃털층 표면에 기름막이 형성되어
피부가 젖는 것을 막아준다.

눈밭과
얼음 위에서도 쌩쌩!

바다로 먹이사냥을 나갔다가 둥지로 돌아오는 아델리펭귄들이 빙판 위에서 빠른 속도로 달려오고 있다. 몸집이 큰 황제펭귄도 사냥터에서 새끼가 있는 곳으로 돌아온다. 우리가 보기에 짧은 다리로 뒤뚱뒤뚱 걷는 모습

사냥터에서 번식지까지 빙판 위를 걸어서 돌아오는 아델리펭귄 ⓒ김우성

이 불편해 보이지만 사실 펭귄의 다리는 결코 짧지는 않다. 오히려 펭귄들은 인간들이 얼음 위에서 중심을 잡지 못하고 허둥대는 모습을 안쓰럽게 바라보고 있지는 않을까?

펭귄들은 보행 시에 발을 내딛는 방향으로 몸을 기울여 체중을 앞쪽에 싣는 방법으로 무게중심을 잡기 때문에 걸음걸이가 뒤뚱거리는 모양새가 되지만, 얼음 위에서 쉽게 넘어지지 않고 안정적으로 이동할 수 있다. 그에 반해 사람들은 왼발이 앞으로 나갈 때 오른팔을 앞으로 이동시키고 두 다리에 체중을 분산시키며 중심을 잡기 때문에 미끄러운 빙판에서는 맥을 못 추는 것이다. 그래서 독일에서는 정형외과 사무총장인 레인하드 호프만(Reinhard Hoffmann)이 낙상(落傷)을 방지하기 위해 빙판에서 펭귄처럼 걸어볼 것을 권장하기도 했다.

그들은 빙판 위에서의 미끄럼 방지를 위한 비장의 무기도 가지고 있

황제펭귄이 사냥터에서 번식지까지
빙판 위를 걸어 돌아오고 있다.

다. 바로 두껍고 단단한 발톱이다. 얼음 위를 걷는 펭귄들이 날카로운 발톱을 세워 표면을 내리찍는 모습을 종종 관찰할 수 있다. 이러한 발톱은 높은 곳에 자리 잡은 번식지로 돌아가기 위해 눈이 쌓인 경사면을 등반하는 데에도 유용하게 사용된다. 비탈 언덕 위에 번식지가 형성된 아델리 코브(Adelie Cove)에 가면 열심히 등반하는 아델리펭귄들을 만나 볼 수 있다. 사람들이 올라가기에 어려운 경사면을 이들은 아주 자연스럽게 오르내린다.

1~2 발을 내딛는 방향 앞쪽으로 몸을 기울여 체중을 앞쪽에 싣는 방법으로 무게중심을 잡아 얼음 위에서 쉽게 넘어지지 않고 안정적으로 이동할 수 있다
3~4 보행 시에 덩치가 큰 황제펭귄은 아델리펭귄에 비해 몸을 앞쪽으로 덜 기울이지만 무게중심을 앞쪽에 둔다.

5~6 황제펭귄은 두껍고 날카로운 발톱을 이용해 빙판 위에서 미끄럼을 방지할 수 있다.
7~8 아델리펭귄은 푸석푸석한 눈밭 위에서는 발바닥으로 걷지만(왼쪽) 매끄러운 얼음 위(오른쪽)에서는 발톱을 세워 걷는다.

물 밖으로 뛰어오를 때 얼음에서 미끄러지지 않도록 발톱을 사용한다. ⓒ서명호

아델리펭귄들이 아델리 코브(Adelie Cove)의
급경사를 힘차게 오르고 있다.

펭귄들이 눈밭이나 빙판 위를 걷기만 하는 것은 아니다. 유유히 걷다가 연구자가 갑자기 접근하거나 헬리콥터 시동소리에 놀라면 배를 깔고 썰매 타듯 미끄러지면서 빠르게 도주한다. 이러한 행동을 썰매타기(tobogganing)라고 하는데 일상적인 이동 시에는 그리 급하게 이동하지는 않는다. 두꺼운 깃털로 덮인 복부는 썰매 역할을 하며 추진력은 다리와 발에서 얻는다. 엎드린 자세에서 두꺼운 발톱으로 얼음을 박차면서 앞으로 나아가는데 두 발을 동시에 사용하는 것이 아니라 한 발 한 발 교대로 움직인다. 썰매타기를 할 때 두 날개를 쫙 펴서 마치 하늘을 나는 듯한 행동을 보인다. 미끄러운 얼음에서 이동할 때는 힘이 덜 들고 빠르게 움직이지만 표면이 고르지 못한 빙판이나 푹신푹신한 눈밭에서도 자주 이용하는 이동방법이다.

썰매타기는 이동할 때 에너지 소모를 줄일 수 있는 장점이 있지만 너무 자주 이용하지는 않는다. 실제로 케이프 워싱턴의 황제펭귄들은 번식지에서 바다로 이동하는 시간의 93.8±2.4%(6마리에서 측정)를 도보에 할애했고, 썰매타기에 투입된 시간은 10%도 되지 않았다(Watanabe et al., 2012). 얼음 표면과의 마찰로 깃털이 닳기 때문이다(Wilson et al.,

한발 한발 교대로 얼음을 박차면서 썰매타기(tobogganing)를 하는 황제펭귄

썰매타기로 단체 이동하는 황제펭귄 ⓒ김우성

썰매타기로 단체 이동하는 아델리펭귄 ⓒ김종우

1991). 방수와 단열 기능을 하는 깃털은 혹한에서 체온을 유지하는 데 없어서는 안 될 귀중한 자산이다. 깃털은 1년에 한 번 번식 후에 교체되는데 그전에 망가져 버리면 생존에 치명적인 위험을 불러올 수 있다. 자연에서는 얻는 것이 있으면 잃는 것도 있는 법이다. 펭귄들은 이 균형을 적절히 유지하며 살아가는 것이다.

나는 특별한 장비 없이 빙판이나 바다얼음을 걷다가 자주 미끄러지곤 했다. 다행히 큰 부상을 입지는 않았지만 타박상이나 골절상의 위험이 항상 도사리고 있다. 케이프 할렛의 조사캠프 운영에 필요한 담수를 확보하기 위해 빙하 조각을 구하려면 바다얼음 위를 통과하여 빙벽이 있는 곳까지 걸어가야 한다. 우리는 미끄럼 방지를 위해 신발에 아이젠을 장착하고, 무거운 얼음을 힘들이지 않고 운반하기 위해 썰매를 사용한다. 그러고 보니 펭귄이나 우리들이 빙판에 적응하는 방식이 너무 닮아있다. 우리가 펭귄을 따라서 한 것도 아닌데… 같은 환경에 살다 보니 생김새와 행동이 닮아가는 수렴진화의 결과인가?

1~2 발톱과 배를 이용하는 펭귄이나 아이젠과 썰매를 사용하는 인간이 빙판에 적응하는 방식은 유사하다.

활강풍
속에서의 사투

남극대륙에서는 가끔 내륙에서 출발한 활강풍(katabatic wind)이 해안 방향으로 불어온다. 대륙의 빙원 위에서 차갑게 식어 밀도가 높아진 공기가 중력을 이기지 못해 경사면을 타고 흐르기 때문이다. 이때 빙원 표면 위에 쌓여있던 미세한 눈가루들을 끌고 오기 때문에 안개나 구름이 밀려오는 것처럼 보인다. 킹조지섬에서는 경험하기 어려운 남극대륙 특유의 기상현상이다.

2014년 장보고과학기지에 처음 방문했을 때(기지 건설 중) 활강풍에 호되게 당했던 경험이 있다. 기지에서 보이는 산 위에 흰 구름이 몰려오고 있었는데 그저 멋진 광경이라고 감상한 후 아무 생각 없이 조사지로 이동했다. 그런데 몇 분 되지 않아서 강풍과 함께 희뿌연 구름이 나를 에워쌌다. 거센 바람에 제대로 서 있는 것조차 어려웠고 미세한 눈가루가 옷의 틈이란 틈은 다 비집고 들어와 몸이 얼어붙는 듯했다. 그 당시에 장보고기지에서 가까운 곳에 있어서 재빨리 복귀했으니 다행이지 먼 곳에 있었으면 조난사고가 발생했거나 저체온증으로 위험에 처했을 것이다. 펭귄들은 빈번하게 불어오는 활강풍을 어떻게 극복할까?

2019년 11월 18일에 아델리펭귄 번식지인 케이프 할렛에 도착했다. 이전 해와 다르게 저지대의 펭귄 번식지 일부가 눈 속에 묻혀 있었다. 둥지가 땅 위에 지어진 것으로 보아하니 둥지 터를 잡던 시기에는 눈이 없었는데 산란 이후에 폭설이 내렸거나 활강풍에 날려온 눈가루들이 둥지

멀리서 바라보는 활강풍은 장관이지만
야외에서 마주치기 싫은 두려운 존재다.

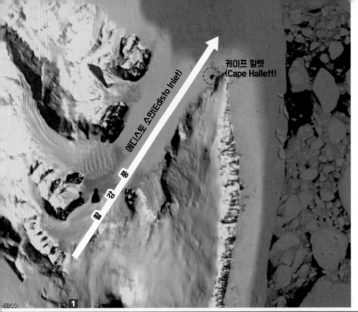

1 내륙에서 생성된 활강풍이 에디스토 소만(Edisto Inlet)을 통해 케이프 할렛 방향으로 이동. 소만의 골짜기는 대륙에서 해안으로 연결되는 바람골 역할을 한다.
2 2019년 11월 18일에 도착한 케이프 할렛. 저지대의 펭귄 둥지들이 눈 속에 묻혀 있다.

3 눈이 없는 땅 위에 둥지들이 지어진 것으로
보아 산란 후에 눈이 쌓인 것으로 보인다.
4~5 하늘은 맑은데 눈가루를 동반한 활강풍
이 번식지로 불어온다.

를 에워싼 것으로 추정된다.

　그런데 설상가상으로 11월 25일에 하늘은 맑은데 희뿌연 활강풍이 에디스토 소만(Edisto Inlet)의 빙원을 타고 아델리펭귄 번식지 쪽으로 불어오기 시작했다. 어미 펭귄들은 알을 지키려고 둥지에서 납작 엎드린 채 꿈쩍도 하지 않고 활강풍에 맞선다. 등에 눈가루가 쌓이기 시작해도 누구 하나 둥지를 떠나지 않고 알을 지킨다. 시간이 지날수록 어미의 몸은 눈 속에 파묻히기 시작하고, 검은색의 등은 점차 흰색으로 변해간다. 눈 내린 이후 펭귄 번식지의 상황을 본 적은 있었지만, 알을 보호하기 위해 활강풍 속에서 힘겹게 버티는 과정을 생생히 목격하는 것은 처음이었다.

　활강풍은 남극도둑갈매기에게도 시련이다. 부모는 온몸이 눈 속에 파묻혀도 좀처럼 둥지 안에 있는 새끼를 포기하지 않는다. 장보고기지 인근에 설치한 모니터링 카메라는 활강풍 속에서 남극도둑갈매기의 사투를 생생하게 보여준다. 거센 눈바람이 들이닥치면 어미는 두 마리의 새끼를 품안에 품은 채 둥지 위에 자리를 잡는다. 바람의 저항을 줄이려고 몸을 납작 엎드렸지만 주변에 눈이 쌓이면서 서서히 파묻혀져 간다. 눈바람이 끝날 때까지 부모로서 최선을 다했지만 결국 새끼 한 마리는 이 상황을 이겨내지 못하고 사망하고 말았다.

　이러한 악천후는 현장 조사 중인 우리 연구진도 위험에 빠뜨렸다. 스콧 원정대부터 사용해오던 견고함이 검증된 피라미드 텐트 다섯 동이 2019년 12월 21일에 불어온 활강풍에 모두 무너지고 처참하게 찢겨졌다. 장보고기지에서 구조 헬기를 보내줄 수 없는 상황이었기에 그곳에 컨테이너 건물을 지어놓지 않았더라면 연구진의 안위를 장담할 수 없는 위급한 상황이었다. 그러나 연구원들도 펭귄들처럼 살아남기 위해 악천후와

1 온몸으로 활강풍에 맞서고 있는 아델리펭귄
2~5 둥지를 떠나지 않고 자리를 지키고 있는 펭귄들의 몸에 눈이 쌓이고 있다.

1∼4 활강풍으로부터 새끼를 지켜내려는 남극도둑갈매기. 하지만 한 마리는 지켜내지 못했다.

5 활강풍을 피해 컨테이너 건물로 피신한 김종우 박사
6 견고하기로 둘째가라면 서러운 스콧 피라미드 텐트가 활강풍을 맞아 만신창이가 되었다.

맞서 싸워 이겨냈고 모두 무사하게 조사일정을 마친 후 기지에 복귀했다.

펭귄들은 눈폭풍을 막아내려 혼신의 힘을 다했지만 모든 부모가 자신을 알과 둥지를 지켜내지는 못했다. 저지대에 있는 둥지의 일부가 눈이 녹으면서 알이 물속에 잠기기 시작했기 때문이다. 킹조지섬의 젠투펭귄이나 턱끈펭귄 번식지에서 봐왔던 상황(『사소하지만 중요한 남극동물의 사생활』 '펭귄마을에 닥친 시련')이 이곳 남극대륙에서도 재현되고 있는 것이다. 그래도 이들은 한 해의 번식이 실패했다고 이곳을 찾아 자손을 남기는 일을 멈추지는 않을 것이다. 가혹한 대자연의 힘에 대한 포기 없는 도전과 응전이 있었기에 이들이 지금까지 남극 환경에서 종을 보존할 수 있었던 것이다.

7~8 활강풍이 지나간 후. 눈이 녹으면서 저지대에 위치한 둥지들이 침수되기 시작했다. 안타깝게도 알이 식어버려 번식이 실패하게 되었다.

아가야..
지켜주지 못해서
미안해.

무사히 부화해도 위험천만 펭귄 세상

　2017년 케이프 할렛의 262개 둥지를 조사한 바에 의하면 아델리펭귄의 한배산란수는 평균 1.9개이며, 2018년에 측정된 45개 둥지의 알 85개의 평균(±표준편차) 길이와 폭은 각각 69.7±2.59mm 및 55.5±1.74mm였다. 드문 경우이기는 하지만 일반적인 알보다 두드러지게 작은 알을 낳는 개체도 있다. 암컷의 번식 경험이 부족하거나, 체내에 정상적인 크기의 알 생산을 위한 양분을 충분하게 비축하지 못한 경우에 나타나는 현상이다. 우리가 발견한 작은 알은 알 껍질이 달 표면처럼 매끄럽지 못했으며, 수분 손실을 막을 수 없었던지 알 내용물이 말라버려 매우 가벼웠다. 이 알은 배 발생조차 불가능하여 생명체가 되지 못한 채 버려지게 될 것이다.

　정상적인 크기로 세상에 나온 알들은 또 다른 자연의 시련을 이겨내야 한다. 11월 초순경에 황제펭귄 번식지인 케이프 워싱턴에 가보면 큼직한 알들이 얼음바다 위에 뒹굴고 있다. 아직 남극도둑갈매기가 도착하지 않은 시기여서 알들이 온전한 상태였지만 모두 꽁꽁 얼어있다. 황제펭귄의 암컷은 알을 낳아 수컷에게 맡기고 먹이 사냥을 나가며, 수컷은 약 65~75일 동안 포란을 담당하는데 그 기간 중에 닥쳐온 강추위를 감당하지 못하면 알들이 얼어 죽는 상황이 된다. 알은 얼음 위에서 1~2분 정도만 지나면 발생중인 배(胚, embryo)가 죽어버리기 때문이다.

　아델리펭귄의 알은 호시탐탐 둥지를 노리는 남극도둑갈매기로부터 살아남아야 한다. 알을 지키려는 부모들과 이것들을 빼앗으려는 도둑갈매기들

미안하지만
이것도
자연의 섭리

1 비정상적으로 작은 아델리펭귄의 알(오른쪽).
알 껍질도 매끄럽지 못하다.
2 제대로 돌보지 못해 포기한 황제펭귄의 알이
바다얼음 위에 방치되어 있다.
3 바다얼음 위에 방치된 황제펭귄의 알은 꽁꽁
얼어있었다.
4 아델리펭귄의 알을 훔쳐온 남극도둑갈매기
5 눈 녹은 물에 잠겨 죽어버린 아델리펭귄의 알

의 전쟁은 계속되고 일부는 희생양이 되는 것을 피하지 못한다. 눈이 녹아 둥지가 침수되어 알이 익사하는 경우에도 부모는 어찌 손쓸 방법이 없다.

무사히 부화해서 세상 밖에 나온 새끼들은 굶주림을 극복해야 한다. 황제펭귄 수컷은 알에서 갓 부화한 새끼에게 이유식을 먹인다. 먹이사냥을 나간 암컷이 돌아오기만 하면 문제가 없겠지만 그전까지는 수컷 혼자 해결해야만 하는 상황에 직면한다. 이를 대비해 수컷들은 위벽에 저장해 놓은 '펭귄 밀크(penguin milk)'라 불리는 영양식을 새끼에게 전해준다. 펭귄 밀크는 영양학적으로 59.5%의 단백질, 28.3%의 지방, 7.8%의 탄수화물과 4.6%의 미네랄로 구성되어 있다(Campbell & Lack, 2011). 수컷은 인간의 모유(단백질 1.1%, 지방 4.0%)나 우유(단백질 3.3%, 지방 3.7%)에 비해 고단백 고열량의 이유식을 먹이는 것이다. 그러나 암컷이 불의의 사고를 당했거나 수컷이 버틸 수 있는 한계를 초과할 때까지 돌아오지 못하면 수컷은 자신의 생존을 위해 새끼를 포기하고 바다로 떠난다.

어미가 돌아온 후에도 안정적으로 먹이를 공급해주지 못하면 성장 중인 새끼들은 굶어죽게 된다. 이 고비를 넘긴 새끼들은 무럭무럭 자라 번식지를 떠날 수 있지만 그렇지 못한 이들은 싸늘한 시신이 되어 남극도둑갈매기들의 먹잇감이 되는 운명을 맞게 될 것이다. 아델리펭귄 새끼들은 남극도둑갈매기들로부터도 살아남아야 한다. 도둑갈매기들은 알을 훔쳐가듯 아델리펭귄의 새끼들도 수월하게 물고 달아난다. 일단 한번 납치되면 거의 살아 돌아오지 못한다. 남극도둑갈매기는 펭귄의 둥지에서 멀리 떨어진 곳으로 새끼를 물어 나르고 그곳에서 새끼는 짧았던 생을 마감하게 되는 것이다.

성체들도 위험에 노출되어 있기는 마찬가지이다. 물론 자연사나 질병으로 숨을 거두는 경우도 있겠지만, 물속에서 사냥을 해야 하는 생물이기에 항상 천적과 마주칠 위험을 안고 산다. 펭귄서식지 앞바다에는 표범물범이 도사리고 있고 설사 그들의 습격으로부터 빠져나왔어도 그 상처가 매우 깊기에 살아남기 힘들다. 번식지로 돌아오기는 했으나 표범물범에게 중상을 입은 펭귄들은 가쁜 숨을 내쉬며 죽음을 기다린다. 이들도 머지않아 다른 동물들의 먹잇감이 되거나 미라가 되어 차가운 땅위에 남게 될 것이다.

위기를 넘기지 못한 자도 있지만 이를 이겨내고 살아남은 자들도 있기 마련이다. 그들은 지금도 육상과 바다얼음 위에 모여 다음 세대를 이어갈 후손들을 키워가고 있다. 후손 중 살아남은 자는 또 그 다음 세대의 탄생을 준비하고 이 과정은 계속 이어질 것이다. 펭귄뿐 아니라 인류를 포함한 현재 생존하고 있는 모든 생물들은 옛 조상들로부터 대대로 위기와 싸워 극복한 승자들이라고 자부해도 좋을 것이다.

1 굶어죽은 황제펭귄 새끼를 포식하는
남극도둑갈매기
2 남극도둑갈매기에게 사냥당한 아델리펭귄
새끼 ⓒ김종우

1~2 표범물범에게 물려 중상을 입은 황제펭귄
3 자연사 또는 질병으로 사망한 황제펭귄 성체
4~5 표범물범에게 물려 출혈이 심한 아델리펭귄들(왼쪽 사진 ⓒ김우성, 오른쪽 사진 ⓒ서명호)
6 아델리펭귄 성체도 죽으면 도둑갈매기의 먹잇감이 된다.

1~2 보육원에 가입할 때까지 살아남은 황제펭귄 새끼들과 아델리펭귄 새끼들

제3부

펭귄들의
전쟁과 사랑

빼앗고 뺏기는
돌 구하기 전쟁

　우리의 아델리펭귄 주요 조사지역인 케이프 할렛은 장보고과학기지에서 약 320km 떨어진 곳에 위치한다. 그곳은 기지에서 출퇴근을 할 수도 없고 인간이 생활하기에 추운 지역이기 때문에 2018년 3월에 연구자들의 안전을 위한 컨테이너형 연구동을 지어놓았다. 연구원들의 사생활 존중을 위해 개인에게는 보온이 잘되는 침낭과 숙소용 텐트를 제공한다. 같은 장소에서 살고 있는 펭귄들도 견고한 둥지를 지어 혹독한 환경에서 알과 새끼를 지켜내고 있다. 인간에게나 동물에게나 외부환경으로부터 자신과 가족을 지켜주는 보금자리는 매우 중요하다.

　알을 품고 새끼를 키워내는 동안 둥지가 눈이나 활강풍에 실려 온 미세얼음 입자들로 묻혀버릴 수 있기 때문에 어미들은 비교적 높은 둔덕을 번식지로 선호한다. 그것만으로도 안전을 확신할 수 없다고 여겼는지 작은 조약돌을 쌓아올려 산좌(알을 낳을 자리)의 위치를 높여준다. 둥지 구조물 내부에는 자갈 사이에 생긴 빈 공간이 많아 배수처리가 잘되기 때문에 눈 녹은 물에 알이나 새끼가 젖는 것을 방지해주는 효과도 있다. 그러니 어미들은 둥지 짓기를 소홀히 할 수 없다. 안전한 둥지를 짓기 위한 건축자재를 확보하는 것이 번식성공률을 높이는 첫걸음이 되는 것이다.

　11월 중순 케이프 할렛의 번식지에서는 조약돌을 물고 부지런히 움직이는 아델리펭귄들을 만날 수 있다. 알을 낳을 시기가 오면 수컷들은 둥지재료인 돌을 운반해온다. 가져온 돌을 둥지터에 던져놓고 또 다른 돌을

케이프 할렛에는

연구자 마을(위)과 펭귄마을(아래)이 공존한다.

1 둔덕 위에 아델리펭귄의 번식지가 형성된 케이프 할렛. 둔덕 아래쪽은 눈 녹은 물로 질퍽하게 젖어있다.
2∼3 자갈을 쌓아 둥지 구조물을 짓고(왼쪽), 그 위에 오목한 산좌(오른쪽)를 만들어 알을 낳는다.

자갈을 잘 쌓아놓으면 물이 잘 빠져서 눈이 내려도 문제 없다.

찾아 길을 나서거나 부리로 돌을 물어 옮겨 재배치하며 보금자리를 완성
해간다. 산란과 포란을 하는 중에도 둥지 보강과 보수 작업은 계속된다.
알이나 새끼를 품고 있는 개체는 둥지를 보수하고 밖에 나와 있는 개체는
자갈을 채워주면서 보금자리는 점점 견고해진다.

　아델리펭귄은 암석이 풍화되어 잘게 부서진 자갈을 둥지재료로 사용
한다. 번식지 주변에 자갈이 풍부하게 널려있을지라도 수만 쌍의 펭귄들
이 둥지를 지을 수 있을 정도로 풍족한 것은 아니다. 이러한 조건에서는
건축자재 확보를 위한 전쟁과 타협이 발생한다. 자갈을 구하기 위해 멀리
나가는 것보다 가까운 곳에서 확보하는 것이 체력을 아끼는 방법일 것이
다. 일단 둥지터 근처에 놓인 재료부터 챙기겠지만 일부 개체는 남의 둥
지에서 몰래 훔쳐오기도 한다. 심지어는 뻔뻔하게 대놓고 싸워가며 강탈
한다. 그래서 둥지 짓는 시기의 번식집단은 빼앗고 훔치고 싸우느라 전쟁

1~2 둥지 지을 자리에 열심히 자갈을
물어나르는 아델리펭귄 수컷

3~4 수컷은 돌을 운반하고
암컷을 발길질로 둥지를 다듬는다.

터가 된다. 둥지에 앉아있어도 보란 듯이 자갈을 빼내어 가는데 자리를 비우고 멀리 나가서 돌을 구해오는 것은 밑 빠진 독에 물 붓기가 될 수도 있는 것이다. 조지 머레이 레빅(1876~1956)은 그의 아델리펭귄 관찰수첩에 암컷은 둥지를 빨리 완성하기 위해 돌을 물어 나르는 다른 수컷에게 교미를 허가하고 그 대가로 돌을 넘겨받는다는 낯뜨거운 기록을 남기기도 했다(Russell et al., 2012).

모든 아델리펭귄들이 자갈로만 둥지를 짓는 것은 아니다. 케이프 할렛에는 펭귄의 뼈를 주요 둥지재료로 사용하는 개체도 있었다. 자갈이 부족해서 대체 재료로 펭귄 다리뼈를 활용한 것인지 그 개체의 독특한 취향때문인지는 모르겠으나 주변에서 구할 수 있는 자원을 잘 활용하고 있다.

심지어는 황제펭귄 번식지인 바다얼음 위에서 둥지를 지은 아델리펭귄의 기록도 남아있다. 웨델해의 황제펭귄 서식지에서 아델리펭귄이 돌

5~6 남의 둥지의 돌을 훔치려면 전쟁을 치를 각오를 단단히 해야 한다.

을 쌓아 둥지를 짓고 번식했던 예가 있다(Ainley, 1983). 바다얼음 위에는 자갈이 없을 텐데 어떻게 가능했을까? 이들의 둥지재료는 황제펭귄이 토해놓은 위석(gastrolith)이었다. 조류는 치아가 없기 때문에 섭취한 먹이를 잘게 분쇄하고 소화를 돕기 위해 작은 돌을 삼킨다. 이것을 위석이라 부르며, 황제펭귄들은 해저에서 먹이를 찾을 때 이러한 돌들을 삼킨다. 수많은 황제펭귄들이 뱉어낸 자갈들은 아델리펭귄이 둥지 짓기에 충분한 양이었다고 한다. 번식지가 모래보다 입자가 큰 잔자갈들로 덮여있는 맨더블 서크(Mandible Cirque)에서는 펭귄들이 둥지재료를 쌓아올리기 보다는 바닥을 살짝 파내어 산좌를 만들고 알을 낳기도 한다.

펭귄들은 자원이 한정된 공간에서 둥지를 짓기 위해 다양한 방법으로 자갈을 확보한다. 펭귄 세상에서 돌은 곧 우리 세상의 화폐에 버금가는 가치를 지니고 있다. 펭귄과 인간 세상에는 착실하게 일해서 정당한 대가를 받는 성실한 자가 있는가 하면 남의 것을 훔치거나 강탈하는 자도 있기 마련이다. 다만 야생의 환경에서는 생존의 법칙이, 인간 세상에서는 법과 도덕이 그 행위의 결과를 판결할 뿐이다.

황제펭귄의 위석. 웨델해의 바다얼음에 형성된 황제펭귄 번식지에서는 이들이 뱉어낸 위석으로 아델리펭귄들이 둥지를 짓기도 한다.

둥지를 지을 수 있다면 뭐든 가져왔죠.

동족의 다리뼈와 자갈로 둥지를 지은 아델리펭귄

바닥에 잔자갈이 깔려 있는 맨더블 서크에서는 발로 바닥을 파내어 둥지를 만들기도 한다

아델리펭귄은 격투기선수

　우리가 여러 매체를 통해 접하는 펭귄의 이미지는 주로 순하고 다른 포식자들에게 당하기만 하는 전형적인 약자의 모습이다. 펭귄들이 도둑갈매기에게 알과 새끼를 빼앗기거나 바다에서 물범들에게 잡아먹히는 장면들을 보면 이들이 매우 무기력한 동물로 여겨질 것이다. 그러나 아델리펭귄은 결코 이러한 위험에 순응하고만 사는 나약한 종이 아니다. 포식자들에 비해 신체조건과 물리적인 힘의 열세는 분명히 존재하지만 그들이 지켜야 할 대상이 있으면 전투적인 격투기선수로 돌변한다.

　번식지가 아닌 곳에서 만나는 펭귄들은 직접적인 위협을 가하지 않는 한 인간에게는 순한 동물일 것이다. 그러나 번식지에서 만나는 이들은 매우 과격하고 폭력적이다. 남극의 연구자들은 육상에서 도둑갈매기가 가장 무서운 동물이라고 하지만 나는 펭귄이 더 무섭다. 먹이 분석을 위해 분변을 채집하려면 연구자들은 어쩔 수 없이 둥지 주변에 접근할 수밖에 없다. 이때마다 우리들은 펭귄들에게 쪼이고 얻어맞아야 한다. 둥지 주변에 배설된 분변을 채집하다가 손을 물리게 되면 붉은 줄의 상처가 생긴다. 두꺼운 옷을 입고 있어도 일단 제대로 물리면 피멍 자국이 생긴다. 조사지에 들어갈 때마다 다리에 생기는 상처들 때문에 여름에 반바지 입는 것도 부담스럽다. 강력한 날개에 제대로 맞으면 그 순간 통증으로 다리의 감각이 사라지기도 한다. 이 정도면 순둥이가 아니라 싸움꾼이다.

　이들은 알과 새끼를 지키기 위해 도둑갈매기들과의 불편한 동거를 해

1 포식자에게 상처를 입고 피를 흘리는 아델리펭귄
2 아델리펭귄의 알을 노리는 남극도둑갈매기
3~4 분변을 채집하기 위해서는 아델리펭귄에게 내 다리를 내주어야 한다. 아델리펭귄이 부리로 무는
힘은 우리들의 상상 이상으로 강하다. 물릴 때마다 상처가 하나둘씩 늘어만 간다.

왔다(『사소하지만 중요한 남극동물의 사생활』 '갈색도둑갈매기와 펭귄의 불편한 동거'). 생태계에서 포식과 피식은 피할 수 없는 운명이지만 그 누구라도 자기 자신이 피해자가 되고 싶지는 않을 것이다. 그래서 피식자들은 그들이 할 수 있는 최선의 방어능력을 보유하는 수밖에 없다. 또한 자신의 배우자를 탐내거나 둥지재료인 돌을 훔치기 위해 접근하는 이웃 펭귄들도 쫓아내야 하기에 번식기에 강한 전투력을 보유하고 있어야 한다.

공격 성향은 동종인 아델리펭귄 침입자에게 더욱 강하게 표출된다. 일단 둥지에서 주인과 격투를 벌인 후 침입자가 패배를 인정하고 재빨리 그곳을 떠나면 그만이지만, 끝까지 물러서지 않으면 싸움은 더욱 격렬해지고 결국 물러서더라도 멀리까지 쫓아 나온 주인에게 응징당하고 만다. 새끼가 있는 경우 이웃주민은 둥지 근처에 얼씬거려도 봉변을 당한다. 그 응징은 매우 강력하다.

도둑갈매기들은 펭귄의 알이나 새끼를 빼앗아가기 위해 둥지 주변을

1 둥지 침입자와 전투를 벌이는 아델리펭귄
2 새끼가 있는 이웃둥지에 잘못 들어갔다가 공격당하는 아델리펭귄 ©김우성

배회한다. 그러다가 방어가 허술해 보이는 둥지를 발견하면 기회를 엿보다가 목적을 달성하곤 한다. 하지만 펭귄들도 자신의 알을 순순히 내놓지는 않는다. 도둑갈매기가 공중에서 날아오거나 걸어서 둥지에 접근하면 부리로 쪼면서 공격한다. 일부 집요한 도둑갈매기는 포기하지 않고 빈틈을 찾아보지만 어미가 품고 있는 알을 빼앗는 것은 쉽지 않다. 꼬리를 물어 펭귄을 둥지 밖으로 끌어내려는 시도까지 해보지만 이 역시 허사로 돌아갔다. 이번 전투는 치열하게 방어전을 펼쳤던 아델리펭귄의 승리! 하지만 언제까지 자신의 알을 지켜낼 수 있을지 알 수 없다. 그날 펭귄의 알을 성공적으로 빼앗아 만찬을 즐기는 도둑갈매기들도 주변에서 많이 관찰되었기 때문이다.

공중에서 은밀히 다가오는 남극도둑갈매기의 공습도 막아낸다.

걸어서 아델리펭귄 둥지에 접근하는 남극도둑갈매기

1~5 꼬리를 물고 둥지 밖으로 끌어내려는
남극도둑갈매기와 버티는 아델리펭귄

번식이 끝날 때까지 계속 싸워야만 하는 아델리펭귄. 이들이 순둥이었다면 종이 보존될 수 있었을까?

　　인간들이 만들어낸 이미지로 포장된 순하기만 한 펭귄은 자연에 존재
하지 않는다. 그들이 살아가는 전반적인 모습이 아닌 일부만을 보고 각인
된 이미지이기 때문이다. 귀엽고 점잖아 보이는 펭귄도 자신의 새끼를 지
키기 위해서는 침입자들과 무모할 정도로 사투를 벌여야 하는 동물로 돌
변하는 것이다. 남극의 매라 불리는 사나운 도둑갈매기를 병아리 다루듯
하는 나조차도 펭귄은 무섭다. 펭귄들이 정말 당하고만 사는 순한 동물이
었다면 이들은 이미 오래전에 남극에서 자취를 감췄을지도 모른다.

새 생명
탄생의 첫걸음

여름이 되면 혹한의 남극대륙에서도 새 생명의 잉태가 시작된다. 바람이 거세기로 유명한 인익스프레서블섬(Inexpressible Island)에서도 찬 바람을 맞아가며 아델리펭귄들이 자식 농사를 준비 중이다. 번식기 동안 함께할 배우자를 맞이하기 위해 여기저기에서 구애행동을 하는 펭귄들의 울음소리로 섬이 떠내려갈 듯하다. 2019년 11월 13일에 그곳을 방문했을 때에는 이미 하나 또는 두개의 알을 낳아 품고 있는 어미들이 있었다. 그러나 아직 대부분의 둥지에는 알이 보이지 않았고, 구애행동을 하거나 둥지를 짓기 시작한 예비부부들을 더 많이 만나볼 수 있었다.

짝을 맺고 자갈을 쌓아올려 알을 낳을 둥지가 준비되면 본격적으로 교미(交尾) 작업에 들어간다. 포유류와는 다르게 펭귄을 포함한 조류들은 총배설강(cloaca)이라는 기관으로 배설, 교미, 산란(암컷)을 해결한다. 그래서 생식기의 형태만으로 펭귄의 암컷과 수컷을 구별하는 것은 거의 불가능하다. 돌출된 외부생식기가 없는 조류의 체형은 교미를 하기에 불편한 구조이다. 교미할 시기가 되면 펭귄의 총배설강이 살짝 부풀어 오르게 되어 수컷의 정자를 암컷에게 전달하는 것이 수월해진다. 실질적인 교미는 매우 빠른 시간 안에 완성된다.

케이프 할렛에서는 아델리펭귄 못지않게 남극도둑갈매기들의 짝짓기가 한창이다. 교미 전에 암컷은 먹이를 달라고 조르고 수컷은 먹이를 제공한다. 이러한 행동을 구애급이(courtship feeding)라고 하는데 제비

아델리펭귄이 짝을 맺기 위해
구애행동을 하고 있다.

번식기가 되면 교미를 수월하게 할 수 있도록 총배설강이 부풀어 오른다.

1~4 아델리펭귄의 교미 과정

5~8 남극도둑갈매기의 교미 과정

어디 내 신랑감 자격이 있는지 가져온 먹이 내놔봐!

맛있는 먹이를 구해왔군. 남편감으로 합격!

수컷(오른쪽)에게 먹이를 달라 조르고 있는
남극도둑갈매기 암컷(왼쪽)

암컷에게 구애급이를 하는 수컷 남극도둑갈매기(오른쪽)

갈매기류 등 다양한 조류에서 찾아볼 수 있다. 이러한 조류들에게 있어서 먹이 공급은 새끼 양육에 지대한 영향을 미치므로, 암컷은 먹이 공급능력을 평가하여 남편감을 선택한다. 먹이가 맘에 들면 암컷은 수컷에게 교미를 허락한다. 교미 과정은 아델리펭귄의 행동과 별반 다르지 않다.

아델리펭귄은 일부일처제(monogamy)의 혼인제도를 채택하였지만 암컷은 배우자 이외의 다른 수컷들과 교미를 하는 경우도 관찰된다. 에드몬슨 포인트(Edmonson Point)에서는 수컷이 공들여 돌보는 새끼 중 약 10%가 자신의 혈육이 아니었다는 결과가 보고된 바도 있다(Pilasrto et al., 2001). 수컷들은 짝을 맺고 같이 산다 해도 안심할 수 없어서 배우자와 빈번하게 교미를 한다. 모든 교미행위가 암컷에게 성공적인 정자 전달로 귀결되지는 않기 때문에 수컷의 입장에서는 힘들여 키우고 있는 아이가 자신의 자손일 확률을 높이기 위한 방편일 것이다.

로스해의 케이프 버드(Cape Bird)에서는 아델리펭귄 한 쌍의 평균 교미횟수가 34.3회로 조사되었지만 그 중 약 58.8%(평균 20회)만이 암컷에게 정자를 전달했을 뿐이었는데(Hunter et al., 1996) 자신이 정자를 배우자의 난자에 안착시켜 성공적으로 수정시키기 위해서는 여러 번의 교미를 통해 다량의 정자를 제공하여 다른 수컷의 정자에 비해 수적 우위를 가질 가능성을 높이는 것이다.

암컷은 자신의 알과 새끼를 지켜주고 양육해줄 수컷이 필요하지만 꼭 남편의 유전자를 물려받은 아이들을 낳아야 한다는 절실함은 크지 않은 것 같다. 어차피 자신의 체내에서 수정된 알을 낳는 것이니 새끼들은 모두 자신의 유전자를 물려받은 친자들이기 때문이다. 암컷의 입장에서는 자신의 유전자가 확실히 전해진 건강한 후손을 남기면 역할을 다 한 것이다.

　나의 혈육이 아닐 수도 있는데 알을 품어주고, 거친 바다에서 크릴을
잡아와 먹이고, 도둑갈매기들과 싸워가며 양육에 헌신하는 수컷들이 불
쌍해 보인다고? 천만에! 이 수컷들도 기회가 생기면 다른 암컷들과 교미
를 할 것이고, 어느 둥지에서는 자신의 유전자를 가진 새끼들이 다른 아
버지에 의해 공들여 키워지고 있을지도 모를 일이다. 좁은 시야로 자연을
보면 불합리해 보이는 부분도 많겠지만 넓은 시야에서 보면 조화와 절충
으로 절묘하게 균형이 맞추어지고 있음을 알게 된다. 도덕경(道德經) 주
해의 '자연은 스스로 그러하다(天地任自然)'라는 문구가 뇌리에 스친다.

혹시 이런 대화를 나누고 있는게 아닐까? ⓒ김우성

의외로 잘 통하는
펭귄들의 보디랭귀지

킹조지섬에 위치하고 있는 세종과학기지에 가려면 칠레의 최남단 도시인 푼타아레나스(Punta Arenas)를 거쳐야 한다. 라틴 아메리카 대부분의 국가들에서 그러하듯 칠레의 사람들도 스페인어를 모국어로 사용하며 영어는 거의 사용하지 않는다. 필연인지 우연인지 하계기간에 세종기지의 건물 수리 및 기타 공사를 위해 방문한 칠레 사람들과 함께 생활하게 되면서 그들과 친분을 쌓을 기회가 생긴다. 그런데 이들과 말이 통하지 않으니 의사소통에 문제가 많았다.

남극일정을 마치고 귀국길에 푼타아레나스에 다시 들를 때 저녁식사 초대를 받고 칠레 사람들의 집에 방문한 적이 있다. 스페인어 한마디 모르던 그 당시에는 거의 모든 의사소통을 보디랭귀지에 의존해야 했다. 잊지 못할 에피소드 하나 소개하자면, 가죽 주머니에 가득 채운 화이트 와인 마시는 방법을 호세 씨가 스페인어로 상세히 설명해주는데 나는 전혀 알아듣지 못했다. 답답했던지 그가 벌떡 일어나 행동으로 시범을 보여줬고, 나는 바로 이해했다. 서로 사용하는 언어가 달라 소통이 어려울 때 보디랭귀지가 훨씬 유용할 때가 있음을 실감했다. 동물들도 상호간의 의사소통을 위해 보디랭귀지를 구사할까?

펭귄의 번식지는 수많은 개체들의 구애행동과 다툼으로 시끌벅적하다. 이들의 몸짓은 특유의 음성과 함께 상대방에게 호의를 나타내거나 적대적인 의사를 표현하는 수단이다. 인간들의 눈에는 펭귄의 행동들이 귀

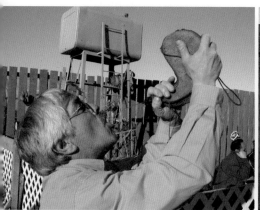

스페인어와 영어간의 언어소통이 불가능하자 보디랭귀지로 가죽주머니에 든 화이트 와인 마시는 법을 전수받았다.

엽고 신기하게 보이겠지만 각각의 몸짓에는 그들이 전달하고자 하는 신호가 담겨있다. 그들의 몸짓 언어를 해석할 수 있다면 동영상이나 책 속에서 보아왔던 펭귄들이 새로운 모습으로 다가오게 될 것이다. 또한 조사 현장에서 펭귄들이 전달하고자 하는 메시지를 행동을 통해 읽을 수 있다면 그들의 생태를 좀 더 상세히 이해할 수 있고, 우리의 연구 활동으로 펭귄들에게 가해지는 스트레스를 줄이는 데 활용할 수 있을 것이다.

지금부터 번식기에 흔하게 볼 수 있는 아델리펭귄의 대표적인 보디랭귀지 몇 가지에 대해 살펴보겠다. 보디랭귀지의 유형 분류는 에인리(Ainley, 1974; 1975), 스퍼(Spurr, 1975a; 1975b) 및 저벤틴(Jouventin, 1982)의 구분에 따랐다.

열정적 과시(ecstatic display)

이 행동은 머리와 부리를 위로 쳐들고 가슴을 진동시키면서 몸통과 수

직으로 허공에 날갯짓을 반복하는 행동이다. 이때 크고 독특한 울음소리가 동반된다. 주로 짝을 만나지 못한 수컷이 자신의 영역에서 암컷을 유인하기 위해 구사한다. 미혼인 수컷이 배우자를 찾기 위해 황홀경에 빠져 최선을 다하는 몸짓이라고 할 수 있다. 드문 경우이기는 하지만 암컷에게서도 이 행동이 나타난다.

인사(bowing)

짝짓기 기간 중에 암컷과 수컷이 몸을 굽히고 머리를 아래로 향하게 하여 살짝 맞대는 자세이다. 주로 교미 직전이나 외부로부터의 교란 및 다른 개체와의 다툼 후에 나타나는 행동이다. 번식기에는 펭귄들이 매우 민감해지는데 상호간의 인사는 부부간의 공격성을 줄여주는 기능도 한다. 짝이 맺어진 이후에 시간이 경과하여 상호간의 유대감이 강하게 형성되면 인사행동의 빈도는 차츰 감소한다.

상호과시(mutual display)

이 행동은 둥지에서 부부가 함께 공연하는 몸짓이다. 짝 형성기 초반에는 거의 볼 수 없지만 부부가 함께 하는 시간이 길어지면서 서로에게 친근감이 형성되면 나타나는 행동양식이다. 자신들의 영역에 다른 펭귄이 접근하면 침입자를 향해 부부가 함께 둥지를 지키고 있음을 강조하는 수단이기도 하다. 이 행동은 크게 조용한 과시와 요란한 과시의 두 가지 유형을 보인다. 조용한 과시에서는 서로 인사하듯이 고개를 아래로 향하다가 머리를 쳐들고 상대를 보며 흔들어댄다. 그러나 요란한 과시에서는 조용한 과시행동에 날카로운 음성이 동반된다. 상호과시는 한 가족임을

1~2 짝짓기를 할 상대에게 잘 보이려는 열정적인 과시행동
3 교미 직전이나 다른 개체와의 싸움이 끝난 후 부부끼리 하는 인사. 부부간의 유대감이 강해지면 인사의 빈도도 감소한다.

상호과시
1~2 음성이 동반된 요란한 상호과시
3~4 소리 없이 행동만 취하는 조용한 상호과시
5 상호과시는 부모와 새끼의 인지 수단 중 하나이다. ⓒ서명호

확인하는 수단으로 부모와 새끼 사이에서도 나타난다.

안락행동(comfort behaviour)

어떠한 방해나 불안요인이 없는 상황에서 펭귄들이 평온하게 취하는 다양한 행동들이다. 대표적인 안락행동에는 선 자세에서 날개를 펄럭이는 빠른 날개치기(rapid-wing-flap), 하늘을 향해 입을 벌리는 하품(yawn), 날개를 등쪽과 복부 아래로 쭉 펼치는 양 날개 스트레칭(both-wings-stretch) 등이 있다.

경계행동(vigilance behaviour)

포식자나 침입자가 다가오면 펭귄들은 본능적으로 신경을 곤두세우고 주변을 살피는 방법으로 경계행동에 들어간다. 펭귄을 포함한 대부분의 조류들은 위험이 감지되면 고개를 좌우로 움직이면서 그들의 주변을 폭넓게 살피면서 위험요인을 파악한다. 감지된 위협요인의 강도에 따라 침입자에게 맞서거나 도망치는 후속행동이 뒤따른다.

적대적 행동(agonistic behaviour)

알이나 새끼를 돌보는 펭귄 부모들은 둥지에 접근하는 침입자들에게 매우 사납고 거칠게 반응한다. 자신의 생존이 좌우될 정도로 심각한 상황에서는 어쩔 수 없이 도주를 택하지만 그 외의 경우라면 침입자들에게 적대적 행동을 취한다. 대표적인 적대행동으로는 앉은 자세나 선 자세에서의 측면 주시(sideways stare), 침입자가 가까이에 오면 좌우 교대 주시(alternate stare), 공격 또는 방어를 위한 부리 벌리기(gape) 등이 있다.

아함! 졸려.

안락행동
1 새들이 하늘을 날 듯 강하고 빠르게 날개치기를
한다. ⓒ김우성
2 피곤할 때에는 펭귄도 하품을 참지 못한다. ⓒ김우성
3~4 양 날개를 등쪽과 복부 아래로 쭉 펼치는
스트레칭 (왼쪽 사진 ⓒ서명호)
5 주변의 위험요소를 파악하는 경계행동

적대적 행동
6~7 침입자의 접근을 감지하면 측면을 주시한다
8 침입자가 가까이 다가오면 좌우 양쪽의 측면을 주시한다. ⓒ김종우
9~10 침입자가 근접거리에 도착하면 부리를 벌리면서 위협한다.

펭귄 입의 미스터리

이탈리아가 운영하는 마리오 쥬켈리(Mario Zucchelli)기지를 방문하게 되면 항상 즐겁다. 그곳에 가면 세계적으로 유명한 아이스크림 중 하나인 달콤한 젤라또(gelato)를 즐길 수 있기 때문이다. 또한 집 떠나와 오지에서 캠프생활을 할지라도 식사 때 만큼은 미각을 자극하는 다양한 음식을 맛볼 수 있기 때문에 힘겨운 야외 조사도 견딜 수 있다. 조리 중인 음식 냄새가 후각을 자극하면 곧 느끼게 될 맛을 상상하게 되고, 자연스럽게 입안에 침이 고인다. 혀의 다양한 기능 중 대표적인 것은 음식의 맛을 구별하는 것이다. 우리가 느끼는 미각은 쓴맛, 단맛, 짠맛, 신맛, 감칠맛 등 5가지 아니던가? 매운맛은 미각이 아닌 통각이기 때문에 맛의 범주에는 포함되지 않는다.

펭귄들도 혀가 있으니 맛을 음미하면서 크릴과 어류를 잡아먹고 살겠지? 우리가 해산물에서 느끼는 특유의 감칠맛, 단맛, 쓴맛을 즐기면서 펭귄들도 열심히 먹이사냥을 할 것이라고 생각할 것이다. 그런데 의외로 펭귄은 5가지 맛 중 짠맛과 신맛 두 가지만 느낄 수 있다. 한 연구에 의하면(Zhao et al., 2015)의 펭귄에게는 미각 수용체 유전자(taste receptor gene) 중 감칠맛, 단맛, 쓴맛 수용체 유전자가 결핍되어 있다.

이 맛들은 특정 단백질인 Trpm5가 혀에서 신경을 통해 뇌로 전달하면서 느끼게 되는데, 0°C 이하의 저온에서는 그 기능이 저하된다. 아마도 펭귄이 오랜 기간 동안 추운 환경에 적응하여 살다 보니 이 맛들을 전달

마리오 쥬켈리기지의
달달한 젤라또가
최고지!

1 마리오 쥬켈리기지에서 아이스크림을 맛보는 지은이
2~3 단맛, 쓴맛, 짠맛, 신맛, 감칠맛을 모두 느낄 수 있는
캠프 식단

125

하는 기능이 저하되어 미각 수용체가 퇴화된 것으로 추측된다. 아델리펭귄과 황제펭귄은 감칠맛, 단맛, 쓴맛 등의 세 가지 맛을 모두 느낄 수 없고, 턱끈펭귄, 바위뛰기펭귄, 임금펭귄은 감칠맛과 쓴맛을 감지할 수 없으나 단맛의 인지 여부는 아직 확인되지 않았다.

신맛과 짠맛만을 느낄 수 있는 펭귄의 혀는 어떻게 생겼을까? 둥지 주변에서 배설물을 채집하는 동안 입을 벌리며 격렬하게 경계행동을 하는 아델리펭귄을 마주하게 된다. 작업을 하는 동안 이 녀석들에게 조이거나 물리지 않으려면 부리의 움직임을 잘 파악해야 하는데 이때 자연스럽게 입속을 훤히 들여다볼 수 있다. 처음 보았을 때는 펭귄의 입속에 삼키다 만 불가사리가 목에 걸려있는 줄 알았다. 그런데 옆 둥지에 있는 녀석들의 입속에도 괴상한 물체가 자리 잡고 있었다. 자세히 살펴보니 아델리펭귄의 혀에는 가시처럼 생긴 돌기가 다섯 열로 길게 나열되어 있는 것이다. 이러한 돌기는 입천장과 아랫부리 안쪽 주변부에도 돋아나 있었다.

다른 펭귄들의 혀와 입안도 다 이렇게 생겼을까? 예전에는 주의 깊게 보지 않았는데 킹조지섬에서 조사했던 젠투펭귄과 턱끈펭귄의 사진을 찾아보니 이들의 혀도 같은 모양을 하고 있었다. 어린 새끼들의 혀도 예외는 아니었다. 종별로 생김새는 약간 다르지만 펭귄들의 혀 모양은 기본적으로는 동일한 구조를 하고 있다. 그러나 펭귄의 알, 새끼 및 어류를 사냥하며 살아가는 남극도둑갈매기의 혀는 돌기도 없이 매끄럽게 생겼고 입천장의 돌기는 매우 작고 부드러워 보인다. 포유류인 웨델물범과 남방코끼리물범은 우리 인간과 유사한 둥글고, 가시 같은 돌기가 없는 혀를 가지고 있다.

펭귄 혀, 입천장 및 아랫부리 안쪽에 있는 돌기들은 모두 목구멍(입의

1~2 혀와 입천장에 돌기가 돋아 있는 아델리펭귄

3~4 젠투펭귄(왼쪽)과 턱끈펭귄(오른쪽)의 혀. 다른 종류의 펭귄의 혀에도 돌기가 돋아 있다.(오른쪽 사진 ⓒ최순규)

5~7 왼쪽부터 아델리펭귄 새끼, 젠투펭귄 새끼, 황제펭귄 새끼. 펭귄의 입천장과 혀의 돌기는 태어날 때부터 갖추어져 있다.(왼쪽 사진 ⓒ김종우, 가운데 사진 ⓒ최순규)

내 입속까지
궁금하니?

1~2 남극도둑갈매기의 입천장에는 부드러운 돌기
흔적만 보이고(왼쪽) 혀에는 돌기가 없다(오른쪽).

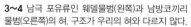

3~4 남극 포유류인 웨델물범(왼쪽)과 남방코끼리
물범(오른쪽)의 혀. 구조가 우리의 혀와 다르지 않다.

안쪽) 방향으로 누워있다. 이 돌기들은 대체 무슨 역할을 하는 것일까?

독특한 입속 구조는 펭귄이 물속에서 사냥하는 습성과 연관이 있다. 펭귄들은 크릴 등의 먹잇감을 만나면 부리를 벌렸다 닫으면서 사냥한다. 입속에 들어간 먹이생물들은 펭귄이 다른 먹이를 삼키려고 입을 벌리는 순간 탈출을 할 수 있는 기회를 얻을 수 있다. 그러나 돌기들은 목구멍 방향으로 누워 배열되어 있기 때문에 먹잇감들이 입 안쪽 방향으로는 움직일 수 있어도 바깥 방향으로의 탈출은 어렵게 된다. 갑각류의 다리나 어류의 지느러미가 돌기에 걸려 목구멍 쪽으로만 움직일 수 있기 때문이다. 그래서 펭귄은 물속에서 잡은 먹이를 놓치지 않고 효율적으로 삼킬 수 있는 것이다. 추운 극지에 살다 보니 펭귄의 혀는 미각의 일부를 잃는 대신 물속에서의 먹이 사냥에 적합한 형태를 얻은 것이다.

크릴들의 머리와 배마디에는 수많은 다리와 부속기관이 뻗어있어 펭귄의 입속에 들어가면 돌기에 걸린다. 일단 입에 들어가면 돌기의 배열 방향을 따라 목구멍 안쪽으로만 움직일 수 있고 입 밖으로의 탈출은 거의 불가능하다. ⓒ손우주

새끼가 자라면
외벌이에서 맞벌이로

황제펭귄은 사냥터에서 위장에 먹이를 가득 채우면 새끼에게 돌아가기 위해 물 밖으로 힘껏 튀어나온다(출수). 출수에 많은 에너지를 쏟아 부은 탓인지 바로 걷지 못하고 썰매타기로 얼음 위를 이동하는 개체들이 많아 보인다. 그러나 멀리 이동하지는 않고 가까운 지점에 펭귄들이 모여들기 시작한다. 펭귄 깃털의 방수기능이 뛰어나더라도 물 밖에 나온 직후에는 깃털 표층에 묻어있는 물기를 제거해야 한다. 펭귄들은 선 자세로 몸을 털거나 햇빛에 깃털을 건조시키는 시간을 가진다. 수중에서 낮아진 체온을 높여야 하기 때문이다. 검은 등판은 깃털의 수분이 햇빛을 받아 반짝이지만 물기가 말라가면서 원래 색인 검은 회색으로 돌아간다. 이와 함께 물속에서 소진되었던 체력과 체온도 회복된다.

깃털이 마른 황제펭귄들은 새끼들이 기다리는 곳으로 발길을 옮긴다. 케이프 워싱턴의 바다얼음 경계에서 번식지까지는 약 2~3km 정도 떨어져 있으며, 펭귄들은 무리를 지어 그곳까지 찾아간다. 줄을 지어 걷다가 누구 하나가 엎드려 이동하기 시작하면 다른 개체들도 그 뒤를 이어 썰매타기 행렬을 이루기도 한다. 수영뿐 아니라 얼음 위에서의 이동도 체력이 많이 소모되기 때문에 결코 수월한 일은 아닐 것이다. 새끼를 위해 바다까지 나가서 먹이를 구해오는 일은 부모들에게 하나부터 열까지 고된 일이다.

번식지에 도착하면 비슷하게 생긴 수많은 새끼펭귄들이 모여 있는 보

1~2 번식지로 가기 위해 힘차게 물 밖으로 올라오는 황제펭귄
3 체력을 많이 소비한 황제펭귄이 썰매타기로 이동하고 있다.
4 출수 후 깃털을 말리고 있는 황제펭귄
5 깃털이 거의 다 말라 번식지로 이동 준비 중인 황제펭귄

걷거나 썰매타기로 새끼가 있는 곳까지 이동 ⓒ김우성

육원에서 새끼를 찾아내야 한다. 이들은 최대 1km 밖에서부터 부모를 찾는 자신의 새끼 음성을 파악할 수 있으니 여러 무리로 나누어진 보육원 중에서 자신의 새끼가 있는 곳을 수월하게 찾아갈 수 있다. 부모는 음성으로 새끼를 확인한 후 먹이를 내어준다. 황제펭귄 번식지가 늘 시끄럽고 혼잡하게 보이는 이유이다.

성장기의 펭귄 새끼들은 항상 배가 고프기 때문에 부모에게 시도 때도 없이 먹이를 달라고 조른다. 새끼들은 음성을 동반하여 머리를 위아래로 흔들면서 배고프다는 신호를 보내고 부모의 부리를 건드려 위장 속의 먹이를 뱉어내도록 자극한다. 어미는 이 자극에 반응하여 식도를 통해 먹이를 입 밖으로 내보낸다. 부모는 새끼가 먹이를 쉽게 받아먹을 수 있도록 부리를 크게 벌리면서 머리를 아래로 숙인다. 새끼 또한 입을 벌리고 부모의 부리와 수직방향으로 접속하여 먹이를 받아먹는다.

급이가 끝나면 부모는 머리를 들고 부리가 하늘을 향하게 하여 입속

황제펭귄 번식지는 가족을 찾는
어미와 새끼들의 소리로 시끄럽고 혼잡하다.

의 잔여물이 밖으로 쏟아지는 것을 방지한다. 한 번의 급이 만으로는 새끼가 만족하지 못하기 때문에 어미의 위 속이 비워질 때까지 이 과정은 여러 번 반복된다. 케이프 워싱턴에 서식하는 황제펭귄이 사냥한 먹이의 89~95%가 어류이기 때문에(Cherel & Kooyman, 1998), 이들의 분변

1~4 황제펭귄의 급이 과정. 새끼가 어미의 부리를 자극해서 먹이를 뱉어내게 하고 입을 벌려서 받아먹는다.

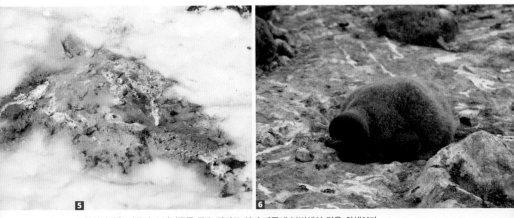

5 황제펭귄은 어류와 오징어류를 주요 먹이로 삼기 때문에 분변색이 검은 회색이다.
6 크릴을 주로 잡아먹는 아델리펭귄의 분변은 붉은색이다.

은 검은 회색을 띤다. 상대적으로 비율은 낮지만(5~11%) 크릴 등의 다양한 갑각류를 먹이기도 한다(Cherel & Kooyman, 1998). 쿨먼섬이나 케이프 로젯에 사는 펭귄들의 먹이 중에는 오징어류도 포함되어 있다.

아델리펭귄도 황제펭귄과 같은 방식으로 새끼에게 이유식을 먹인다. 한 배에 하나의 알을 낳은 황제펭귄과는 다르게 이들은 대개 2개의 알을 낳기 때문에 양육해야 할 새끼가 두 마리인 경우가 많다. 갓 부화한 후에는 새끼들의 먹이 수요량이 많지 않지만 성장하면서 이들 간의 경쟁이 발생한다. 부모가 열심히 노력해도 모든 새끼들에게 먹이를 풍족하게 제공하는 것은 쉬운 일이 아니다. 새끼들이 자라 보육원을 형성하면 부모들은 외벌이에서 맞벌이 부부로 생활패턴을 전환한다. 둘 다 크릴을 잡기 위해 바다로 떠나야 하는 것이다. 바다에 먹잇감이 풍부하면 두 마리 모두에게 충분한 이유식을 먹여주겠지만 그렇지 못한 경우에는 몸집이 큰 한 마리가 먹이를 독차지하려 한다. 이 상황이 계속되면 부모의 노력에도 불구하고 결국 형제간의 경쟁에서 이긴 한 마리만 살아남게 될 것이다.

먹이를 구하기가 쉽지 않은 남극 환경에서 부모들은 새끼들을 키워내기 위해 헌신하고 있다. 한 마리의 새끼를 키우는 황제펭귄이나 두 마리를 키우는 아델리펭귄들은 먹이 사냥을 위해 먼 거리를 왕복해야 하며, 표범물범이나 범고래 같은 포식자로부터 살아남아야 하고, 새끼들에게 충분한 이유식을 준비해야 하는 고된 일을 수행하고 있는 것이다.

우리의 부모들은 '열 손가락 깨물어 아프지 않은 손가락이 있냐.'며 모든 형제자매를 공평하게 대해주시지만, 아델리펭귄의 부모는 환경이 열악할 때 새끼간의 경쟁을 용인한다. 한정된 자원을 두 마리에게 동등하게 공급하면 둘 다 영양 및 발육 상태가 나빠지고, 이는 다른 개체들과의 경쟁에서 도태될 가능성이 높아지는 것을 의미한다. 인간의 관점에서는 비정해 보이겠지만, 이러한 상황에서는 경쟁력 있는 강한 한 마리를 키워내는 것이 자신이 자손을 남길 수 있는 최선의 선택일 것이다.

금방
밥 차려줄게~

1~2 아델리펭귄 새끼도 어미의 부리를 자극하여 먹이를 얻어먹는다. ⓒ김종우
3 형제간의 먹이 쟁탈전이 시작된 아델리펭귄 새끼들 ⓒ김종우
4 몸집이 작은 새끼는 큰 개체에게 먹이획득 경쟁에서 밀리기 시작한다. ⓒ김종우
5 두 마리의 아델리펭귄 새끼 중 한 마리는 살아남지 못했다. ⓒ김종우

제4부

기후변화는
남극 펭귄에게도 시련

겨울에 나타났다가 여름에 사라지는 황제들의 도시

겨울 동안 꽁꽁 얼어붙어 있던 남극바다도 여름이 시작되면서 갈라지고 녹기 시작한다. 12월 초가 되면 보급품과 연구원을 실은 쇄빙연구선 아라온호가 얇아진 바다얼음을 깨면서 장보고과학기지에 접근할 수 있게 된다. 파도가 바다얼음 외곽을 지속적으로 때려주고, 강한 바람이 밀고 당기면서 빙판은 조각조각 갈라지고, 그 얼음판들은 파도에 실려 떠내려가 푸른 바다가 얼굴을 내민다.

남극의 여름이 끝나갈 무렵인 3월경에는 해안가의 바다가 다시 얼기 시작한다. 수온이 낮아지면 얼음 결정(frazil crystal)들이 생겨나고 이것들이 뭉쳐지며 수면 위에는 기름막이 펼쳐진 듯한 얼음막이 형성된다(그리스 얼음, grease ice). 얼음들은 서로 응축하면서 넓적한 팬케이크 모양으로 점점 커지게 되고, 그 다음단계에서는 팬케이크끼리 결합하며 더욱 넓어진 얼음판이 만들어진다. 이 얼음판들도 수면을 따라 평면으로 연결되고(닐라스, nilas) 두꺼워지면서 광활한 바다얼음으로 발달해 간다. 이렇게 겨울 동안 생성된 바다얼음 위에 황제펭귄의 번식지가 형성된다.

황제펭귄 번식지의 전경은 매년 다른 모습을 보여준다. 어느 해에는 거대하고 아름다운 빙산이 번식지 한복판에 자리 잡아 장관은 이루었으나 또 다른 해에는 빙산 없이 밋밋한 광경만 펼쳐지기도 한다. 황제펭귄의 번식이 끝나고 나면 이곳은 빙판이 사라져버린 바다가 된다. 이때 거대한 빙산이 밀려왔다가 바다가 다시 얼기 전에 빠져나가지 못하면 그 자

1 여름이 되면 바다얼음이 조각조각 갈라지기 시작한다.
2 아라온호가 얇아진 바다얼음을 깨면서 장보고기지로 향한다.
3 바다얼음이 파도에 떠밀려 가면 푸른 바다가 나타난다.

남극의 연안에서 바다얼음이 형성되어 가는 과정
1 결정빙(frazil ice) **2** 그리스 얼음(grease ice) **3** 팬케이크 얼음(pancake ice)들의 결합
4 닐라스(nilas)

리에 정착하게 된다. 바다얼음에 갇힌 빙산은 황제들의 도시에 더할 수
없이 멋진 조형물을 만들어 놓는다.

　우리의 조사 지역인 북빅토리아랜드(Northern Victoria Land) 연안
에는 케이프 워싱턴(Cape Washington), 쿨먼섬(Coulman Island), 케
이프 로젯(Cape Roget) 세 지역의 해빙 위에 황제펭귄 번식지가 조성되
어 있다. 장보고기지에는 대략 10월 중순부터 들어갈 수 있는데, 그 시기
에 번식지를 방문하면 새끼들은 이미 상당한 크기로 성장해 있다. 펭귄들
이 모여 있는 곳을 헬기에서 내려다보면 그간 배출해 놓은 배설물 때문에
시커멓게 보인다. 다행히 배설물들이 바다얼음 위에 얼어붙어 있어 고약
한 냄새는 덜 나는 편이다. 아델리펭귄들은 그 시기에 짝짓기나 둥지 짓

황제펭귄 번식지에 남아있는 빙산들. 거대한 빙산이 바다얼음에 고착되면 황제에게 어울리는 도시가 조성된다.

1~2 그리스 얼음에 갇힌 빙산들(왼쪽). 빠져나가지 못하면 새로 생성되는 바다얼음에 고착될 것이다(오른쪽).
3 고착된 빙산이 눈바람을 맞아 약한 부분이 깎이고 패이면서 멋진 조형물이 만들어진다.

기를 준비하고 있는데 황제펭귄은 언제부터 번식을 시작했던 것일까?

황제펭귄은 해가 뜨지 않는 4월경부터 번식지로 모여들기 시작한다. 5월경에 짝짓기와 교미를 하고 암컷은 6~7월경에 알 하나를 낳는다. 바다얼음 위에서 번식을 하기 때문에 둥지를 짓지 않고 암컷은 수컷에게 알을 전달해주고 나면 산란하느라 소모된 에너지를 충당하고 부화할 새끼에게 먹일 이유식을 마련하기 위해 바다의 사냥터로 떠난다. 8월경에 수컷은 발등 위에 알을 올려놓고 약 65~75일 동안 포란에 들어간다. 9~10월경에는 암컷이 돌아와서 육아 업무를 교대하고 위에 담아온 이유식을 새끼에게 먹인다. 10~11월경에는 새끼들이 보육원을 형성하고 바다얼음이 깨지기 시작하는 12월경에는 어미가 새끼 곁을 떠나며, 새끼들도 번식지를 벗어나 바다로 나아간다. 이처럼 황제펭귄의 번식은 4월부터 12월까지 약 8개월 동안 진행되기 때문에 성공적인 번식을 위해서는 바다얼음이 그 기간 동안 사라지지 않고 버텨주어야 한다.

바람을 막아주는 만으로 둘러싸인 곳에서는 여름철에도 다른 지역에 비해 늦게까지 바다얼음이 남아있지만 그 역시 일부만 남기고 사라지는 것은 피할 수 없다. 2016년 9월부터 2017년 1월까지 한 달 간격으로 황제펭귄 번식지인 케이프 워싱턴을 촬영한 위성사진을 보았다. 12월에는 외곽지역의 얼음이 사라졌고 1월에는 번식지 자체가 사라져 버렸다. 번식지의 얼음판이 갈라진 후 외해로 떠내려갔기 때문이다.

최근에 웨델해 북부 핼리만(Halley Bay)에 위치한 세계에서 두번째로 큰 황제펭귄 번식지가 붕괴되었다는 보고가 있었다(Peter et al., 2019). 이례적인 강풍으로 황제펭귄의 새끼들이 물속에 들어갈 수 있을 만큼 성장하기 전에 바다얼음이 깨져나가 희생이 컸다. 그리고 고해상도 인공위

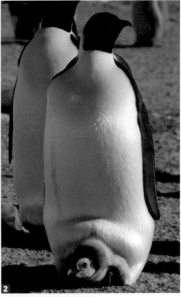

ZZZ....

황제펭귄의 새끼 키우기는 모두 바다얼음 위에서
진행된다.
1 이유식 먹여주기
2 새끼 품기
3 바다얼음 위에서 털갈이하는 황제펭귄 새끼들
4 낮잠 자는 새끼펭귄

성 사진에서 펭귄의 배설물 쌓인 곳을 탐색하여 새로운 번식지 8곳뿐만 아니라 최근에 사용되지 않았던 번식지가 다시 조성된 3곳을 찾아내었다는 희소식이 있었다. 그러나 발견자들은 지구온난화로 이들 서식지의 상황이 악화될 수 있다는 암울한 예측도 함께 전했다(Peter & Trathan, 2020).

끓는 물에 개구리를 넣으면 뜨거움에 반응하여 바로 밖으로 튀어나오지만, 찬물에 넣고 서서히 끓이면 자신이 몸이 삶아지는지도 모르고 있다가 죽어버린다는 '삶은 개구리 증후군(Boiled Frog Syndrome)'처럼 황제펭귄의 서식지 환경은 서서히 악화되고 있는데 우리는 이들이 멸종할 때까지 그 심각성을 인지하지 못하는 것은 아닐까? 지구온난화로 바다얼음이 사라지면 박물관의 박제나 기록영상에서만 황제펭귄을 만날 수 있게 될까 우려된다.

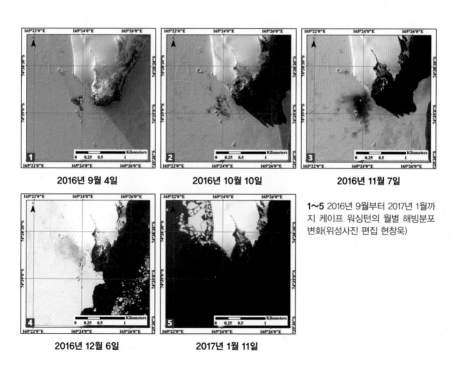

2016년 9월 4일　　　**2016년 10월 10일**　　　**2016년 11월 7일**

2016년 12월 6일　　　**2017년 1월 11일**

1~5 2016년 9월부터 2017년 1월까지 케이프 워싱턴의 월별 해빙분포 변화(위성사진 편집 현창욱)

오랜 집터도
순식간에 사라져

장보고과학기지에서 직선거리로 약 42.5km 떨어진 에드몬슨 포인트(Edmonson Point)에도 약 1,890여 쌍(Lyver et al. 2014)의 아델리 펭귄이 번식하는 곳이 있다. 대다수의 펭귄 둥지들은 호수와 바다의 경계인 사주를 따라 배열되어 있다. 2013년에 11월에 그곳을 처음 방문했을 당시에 사주는 오랜 기간 쌓인 옅은 붉은색의 펭귄 구아노층(Guano layer)으로 덮여 있었다. 아직 땅이 녹지 않았고 본격적으로 산란을 시작하지 않았던 시기여서 구아노층 위를 걸어도 질척거리거나 고약한 배설물 냄새가 코를 자극하지는 않았다. 어디에서 구해왔는지 둥지 지을 자리에는 자갈들이 쌓여있고, 산란을 앞둔 일부 암컷들은 그 위에 앉아 자리를 잡고 있었다. 호수와 바다 양쪽은 모두 얼어있고 바다 쪽에는 부서진 바다얼음 덩어리들이 뒹굴고 있었다. 그 이후 나는 그곳을 한동안 방문하지 못했다. 그리고 마침내 2019년 12월에 다시 찾았을 때는 해안의 전경이 너무 많이 변해 있었다.

에드몬슨 포인트는 남극특별보호구역 No. 165(Antarctic Specially Protected Area, ASPA)이기 때문에 지정된 장소에서만 헬리콥터를 이착륙시킬 수 있다. 헬기 착륙장에서 펭귄 번식지까지 해안을 따라 약 1.4km 가량 걸어야 하기 때문에 경치를 감상하면서 이동했다. 2019년 12월 초순의 해안에는 어마어마한 빙산들로 볼거리가 많았다. 기암괴석 같은 독특한 모양의 빙산들을 지나칠 때 마다 우리들은 감탄사를 내뿜고 크기

장보고과학기지에서 42.5km 떨어진
남극특별보호구역 에드몬슨 포인트 전경

1 사주 위에 형성된 아델리펭귄 번식지. 언덕 위에 자리 잡은 번식지를 포함하여 약 1,890여 쌍의 아델리펭귄이 서식한다.

2~5 에드몬슨 포인트의 해안에 올라와 자리 잡고 있는 빙산들

를 인증하기 위해 그 옆에 서서 사진을 찍기 바빴다. 하지만 우리는 펭귄 번식지에 도착 할 때까지 빙산이 해안 위에 올려진 상황이 무엇을 의미하는지 깊이 생각하지 못했다.

번식지 초입에 들어서는 순간 나는 너무나도 눈에 띄게 변해버린 광경을 보고 놀랐다. 높은 바위 위에 올라 전경을 내려다보니 우리가 걸어왔던 해안처럼 번식지가 형성된 사주 위에도 빙산들이 자리잡고 있었다. 그리고 내가 서 있는 곳의 일부를 제외하고는 옅은 붉은색이었던 번식지 바닥이 암회색으로 변해있었다. 도대체 무슨 일이 있었던 걸까? 2019년 1월경에 큰 저기압이 발생해서 아라온호가 안전한 해역으로 피신했던 적이 있다. 아마 그 당시에 큰 너울이 해안을 덮치고 함께 떠밀려온 빙산이 미처 빠져나가지 못하고 그 자리에 머물게 되었던 것으로 추정된다.

그렇다면 바닥 색은 왜 변한거지? 수 십년 혹은 수 백년동안 펭귄의 배설물이 사주 위에 쌓여 형성된 구아노층이 사라져 버렸기 때문이다. 그나마 구아노가 두껍게 축적되어 있는 사주 초입 부분에만 일부 남아있었을 뿐이다. 저기압으로 생성된 대형 너울이 사주 위를 휩쓸고 지나가면서 구아노층을 떠내려 보낸 것이 아닐까 추측된다. 다행히 일부 남아있는 구아노층의 단면은 펭귄마을의 역사를 간직하고 있었다. 이것들마저 사라지면 에드몬슨 포인트에 살던 펭귄들의 타임캡슐도 함께 사라질 텐데 걱정이 앞섰다.

대형 저기압은 2019년 1월에 발생했고 다음 번식기인 10월경에 그곳을 찾아온 아델리펭귄들은 좀 당황했을 것 같다. 사주 위에 빙산이 자리잡고 있고 오랫동안 바닥에 깔려 있던 구아노층이 송두리째 사라졌으니…. 그래도 이들은 자갈이 드러난 바닥 위에 둥지를 짓고 번식을 이어

1 2019년 12월 아델리펭귄 번식지가 조성된 사주 위에 올라와 자리 잡고 있는 빙산 조각들
2 2013년 11월 펭귄마을의 모습
3 2019년 12월 펭귄마을의 모습
2~3 붉은색에서 회색으로 변한 펭귄마을
4~5 오랜 시간 켜켜이 쌓인 구아노층이 깎여나간 단면
6 구아노층은 배설물, 사체, 깃털, 알 껍질, 뼈 및 둥지재료였던 자갈들을 보존하고 있는 아델리펭귄들의 타임캡슐이다.

갔다. 하늘에서 내려다보니 번식집단의 형태가 많이 달라져 있었다. 옛 펭귄마을은 바닥의 색뿐만 아니라 경계도 변해 있었다. 이들 중 일부 개체는 옛날 살던 터를 떠나기 어려웠던지 그 자리에 남아 있는 빙산 위나 아래에 둥지를 틀고 알을 품고 있었다. 지금은 달라진 지형 위에 또다시 번식지가 형성되었지만 빈번한 환경변화로 이처럼 불안한 상황이 계속되면 펭귄들이 에드몬슨 포인트를 떠날지도 모른다. 여기뿐만 아니라 해안가 저지대에 형성된 수많은 펭귄 번식지들도 하나 둘씩 그 기능을 잃게될 것이다.

이곳의 항공사진을 비교해 보면서 노산 이은상 선생께서 '옛 동산에 올라'에서 읊으셨던 "산천의구(山川依舊)란 말 옛 시인의 허사로고, 예섰던 그 큰 소나무 베어지고 없구료"를 무심결에 되뇌고 있다. 천년만년 변치 않을 것만 같던 지형과 환경도 시간이 지나면서 함께 변해가기 마련이다. 그곳에 살고 있는 생물들도 그 변화의 속도에 적응해가며 생존해왔다. 그러나 너무 갑작스러운 변화는 적응할 시간을 충분히 확보하지 못한 생물들에게 당혹스럽고 부담스러운 상황이 될 것이다. 이러한 변화가 번식기에 생활터전을 통째로 갈아엎어 그들의 생존을 위협할까 우려된다. 심각성을 인식한 과학자들은 황제펭귄을 남극조약(Antatctic Treaty)에 의해 남극특별보호종(Antarctic Specially Protected Species)으로 등재시킬 것을 권고했다(Trathan et al., 2020). 지구의 급격한 환경변화의 영향은 다양한 형태로 남극에 다가오고 있지만 우리가 얼마나 정확하게 예측하고 신속하게 대응할 수 있을지….

© 김종우

1~4 펭귄마을에 들이닥친 폭풍으로 빙산이 떠밀려와 마을은 쑥대밭이 되었다.

2017년 12월 4일

5~6 구아노가 떨어져 나간 곳의 바닥은 회색으로 변했고 펭귄의 둥지배치 형태도 바뀐 재개발 도시가 생겨났다. ©서명호

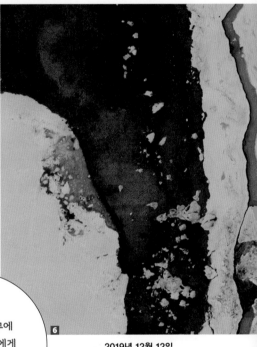

2019년 12월 12일

기후변화는 지구에 사는 모든 생물에게 영향을 미칠 거예요.

155

눈폭풍이 불어도
멈추지 않는 카메라

연구자들이 아무리 자주 조사를 나가도 펭귄들의 행동과 생태를 상세하게 파악하는 것은 어렵다. 조사자는 번식지 앞에 다가갔을 당시의 상황만 볼 수 있을 뿐이다. 게다가 펭귄들은 우리가 가까이 접근하면 일상적인 행동을 멈추고 경계 및 적대행동에 돌입하게 될 것이다. 번식기에 신경이 예민해진 개체들의 자연스러운 일상생활을 관찰할 수 있는 방법이 필요했다. 그래서 우리는 2018년 11월 25일부터 2019년 1월 25일까지 번식지 앞에 자동촬영 모니터링 카메라를 설치하고 이들의 번식 일대기를 관찰하기로 했다.

산란 및 포란기에 카메라를 설치한 이후 며칠 동안 펭귄들의 특별한 움직임은 없었다. 아델리펭귄의 암컷과 수컷은 약 32~34일 동안 교대로 포란한다. 대부분의 성체들은 알을 품느라 몸을 납작 엎드리고 있었다. 주변에 눈이 쌓여도 자리를 비우지 않고 산란에만 집중하고 있다. 이러한 행동은 부화가 시작하는 시점까지 지속되었다.

12월 11일부터는 부화한 새끼들이 보이기 시작한다. 몸집이 작고 아직 솜털이 짧아 부모의 포란반(brood patch) 속에 파고들어간다. 부화 후 새끼들은 빠르게 성장하기 때문에 몸집이 비대해지면 어미의 품 밖으로 노출되는 몸통의 비율이 증가한다. 이 시기에 눈이라도 내리면 부모의 품속에 머리만 겨우 욱여넣을 수 있기 때문에 스스로 체온을 유지해야 한다. 남극에서 살아남는 법을 체득하기 시작하는 것이다.

1 케이프 할렛의 아델리펭귄 번식생태를 파악하기 위해 설치한 광역모니터링 카메라 시스템
2 광역모니터링 카메라 시스템으로 4시간마다 100개의 둥지를 한 번에 촬영한다.
3 2018년 11월 25일. 펭귄들이 알을 품고 있다. 이 시기에는 산란을 끝낸 암컷이 영양보충을 위해 바로 나가기 때문에 수컷들이 포란한다.
4 2018년 12월 4일. 눈바람이 거세게 불어도 알을 지키기 위해 자리를 떠나지 않는다.

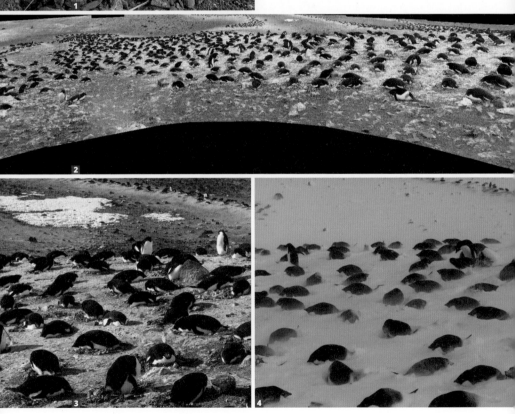

1 2018년 12월 11일. 검은 회색의 부화한 새끼들이 보이기 시작한다. 아직 어려서 추위를 피하기 위해 어미의 포란반 속에 들어가 있다.
2 2018년 12월 23일. 새끼들의 몸집이 비대해지면서 어미의 포란반에 얼굴만 들이밀고 있다.
3 2018년 12월 26일. 눈이 내리면 새끼들은 어미 품 밖에서 스스로 체온을 유지해야 한다.

12월 27일 경에는 둥지를 살짝 이탈하는 새끼들이 나타난다. 다른 둥지에서 나온 듯한 녀석들과 모여 있기도 한다. 한 둥지에서 나온 새끼들만 모였다면 최대 두 마리일 텐데 세 마리 이상이 모여 있는 상황도 관찰된다. 12월 31일 무렵이 되면 새끼들이 밖으로 나가기 때문에 둥지는 더이상 보금자리로서의 기능을 잃는다. 둥지는 형태조차 알아볼 수 없을 정도로 배설물에 덮여 번식지는 폐허가 되어버렸다.

2019년 1월 10일 무렵부터는 번식지에서 부모를 찾아보기 힘들다. 새끼들이 몸집이 커지면서 그들이 요구하는 먹이의 양이 폭발적으로 증가하기 때문이다. 이제부터 부모들은 외벌이에서 맞벌이로 전환해야만 새끼들의 허기를 달래줄 수 있다. 부모가 사냥터로 나가 있는 동안 새끼들이 소규모의 무리를 짓기 시작한다.

1월 11일 경부터는 새끼들 무리의 규모가 확장되어 보육원(crèche)이 형성된다. 그 시기에 기상이 나빠지면 밀집대형을 구축하고 아직 솜털로 덮힌 등으로 눈바람을 버텨낸다. 등에 수북하게 쌓인 눈은 거북 등처럼 갈라지며, 눈이 녹아서 체내에 스며들기 전에 훌훌 털어버려 체온 손실을 줄인다. 더 이상 부모가 도와줄 수 없는 문제를 스스로 해결해가고 있다.

아쉽게도 우리 연구진의 조사일정에 맞추느라 모니터링 카메라 운용은 2019년 1월 15일자로 종료되었다. 그러나 우리는 포란할 때부터 새끼들의 보육원 형성 초기까지의 과정을 지켜보았다. 자신은 굶어가며 알이 무사히 부화할 때까지 지키는 부모의 헌신과, 혹독한 환경을 스스로 극복해가는 새끼들의 적응과정을 살펴보며 오늘날까지 이들이 남극환경에서 살아남을 수 있었던 저력을 확인할 수 있었다.

1 2018년 12월 27일. 새끼들이 둥지를 이탈하기 시작한다.
2 2018년 12월 31일. 새끼들이 밖으로 뛰쳐나와 둥지의 기능이 사라지기 시작한다.
3 2019년 1월 10일. 부모들은 먹이사냥을 나가고 새끼들은 모여 보육원을 형성한다.
4 2019년 1월 11일. 모이는 새끼들이 많아지면서 보육원의 규모가 확장된다.

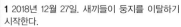

5~8 2019년 1월 23일 오후 8시부터 24일 오전 8시까지. 눈 폭풍이 몰아치면 새끼들끼리 똘똘 뭉쳐 이겨낸다.

한 여름 더위를 타는
남극 펭귄

우리가 알고 있는 남극의 펭귄들은 추운 곳에 산다. 추위를 견디기 위해 온몸을 두터운 지방층으로 두르고 피부를 빽빽하게 깃털로 감쌌다. 이 정도 무장이면 웬만한 추위 속에도 끄떡없어 보인다. 그런데 남극의 날씨가 매일 춥기만 한 것은 아니다. 남극의 동물들에게 추위에 의한 저체온도 생존을 위협하는 문제이지만 더워서 체온이 일상적인 수치(약 39℃) 이상으로 올라가는 것도 문제가 될 수 있다.

남극대륙은 워낙 건조한 곳이다 보니 영하의 기온에서 걷기만 해도 몸이 과열되어 속옷이 땀에 젖는다. 케이프 할렛의 캠프지에서는 사용할 물이 충분하지 않아 샤워를 할 수 없기 때문에 땀과 펭귄 번식지에서 스며들어온 배설물 냄새를 품고 살아야 한다. 그러나 가끔 햇빛이 쨍쨍 내리쬐고 바람이 약하게 부는 날 반팔 티셔츠 차림으로 일광욕을 즐길 수 있다. 바람이 몸을 휘감으며 지나가면서 옷에 베인 땀과 펭귄 배설물 냄새가 어느 정도 씻겨나간다. 공기 중에 습기가 거의 없어서 춥기는커녕 오히려 시원하다. 남극에서 물 없이 바람을 이용하여 상쾌한 샤워를 즐기는 방법이다. 내가 방문한 곳 중 최남단인 스콧기지(남위 77.51도)에서조차도 바람

2017년 11월 9일 황제펭귄의 번식지인 케이프 워싱턴. 남극대륙에서는 마실 물을 꺼내면 몇 분 지나지 않아 얼기 시작할 정도로 춥다.

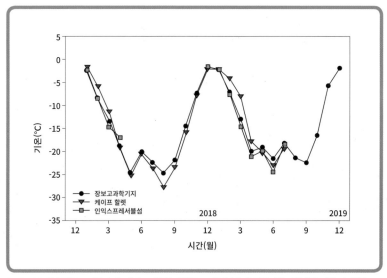

2018~2019년 장보고과학기지, 케이프 할렛, 인익스프레서블섬의 평균기온. 월평균 기온이 영상으로 오른 적이 거의 없는 추운 지역이다(해양수산부 3차년도 연차실적계획서).

1 피부를 둘러싼 아델리펭귄의 깃털층 단면. 추운 환경에서는 좋은 외투이지만 더울 때에는...
2 물이 귀한 남극에서 즐기는 바람 샤워

샤워가 가능하다. 물속에 들어갈 수 없는 솜털투성이인 펭귄 새끼들은 남극 여름의 더위를 어떻게 극복할 수 있을까?

우리는 땀에 젖은 피부에 바람이 스쳐갈 때 시원함을 느낀다. 이는 액체인 땀이 기체로 변하면서 공기 중으로 날아갈 때 체온을 빼앗아가기 때문이다(기화열, 氣化熱). 땀은 거의 온몸에 분포하는 에크린샘(eccrine gland)과 겨드랑이 및 사타구니 등에 국지적으로 분포하는 아포크린샘(apocrine gland)에서 배출된다. 기화열은 몸 전체를 젖게 하는 에크린샘의 땀 분비와 관련이 있지만 인간을 제외한 다른 포유류에서는 이 분비샘을 거의 찾아볼 수 없다. 그래서 더울 때 개와 고양이들이 혓바닥을 내밀고 헐떡대면서 입속의 열을 공기 중에서 식히는 것이다. 그런데 펭귄을 포함한 조류에게는 땀샘 자체가 없다.

인익스프레서블섬(Inexpressible Island)에서 새끼가 한참 자라고 있을 시기인 2019년 1월에는 평균 기온이 −2.1℃, 최고기온이 4.0℃를 기록했다(해양수산부 3차년도 연차실적계획서). 1년 전인 2018년 1월에 7일에는 최고기온이 4.7℃에 달하기도 했다(해양수산부 2차년도 연차실적계획서). 남극대륙에서는 여름에도 영하의 날씨가 유지될 것이라 생각했던 우리들의 예상이 여지없이 빗나간 것이다.

이곳에서도 여름에 더위를 타고 있는 펭귄들의 모습이 포착된다. 이들도 다른 포유동물처럼 입을 벌리고 혀를 공기 중에 노출시켜 열을 식히고 있다. 특히 물에 들어가지 못하는 새끼들에게서 이러한 모습이 빈번하게 보인다. 펭귄에게는 체내의 열을 식힐 수 있는 비결이 또 하나 있다. 이들은 추울 때 피하지방의 혈관을 좁혀 피부를 팽팽하게 수축시키면 깃털간의 간격이 밀착되면서 피부를 외부 공기로부터 격리시킨다. 그러나 더위지면 혈관을 확장시켜 피부를 부풀리게 되고, 깃털 간격이 벌어지면서 피부가 외부 공기에 노출된다. 이때 찬 공기가 피부의 열을 빼앗아가며 체온을 낮춰주는 것이다.

펭귄들은 혹한의 환경에서 살기 때문에 당연히 추위에만 적응하고 더위 걱정은 없을 것이라 생각했을 것이다. 그러나 남극에도 상상 이상으로 기온이 높은 날이 있기 때문에 이들도 가끔은 몸을 식혀주어야 한다. 지구온난화로 이곳의 기온이 지속적으로 상승한다면 펭귄들이 더위와도 맞서야 하는 상황이 증가하고 있기 때문이다. 이는 추운 환경에서 살던 종들이 생존을 위한 또 다른 도전에 직면하게 되는 것을 의미한다. 더워지는 환경을 극복하지 못하면 훗날 남극에서 펭귄들이 자취를 감추게 될 수도 있다. 설령 온화한 환경에 적응하여 살아남더라도 극지 빙상의 고유 생물군계(biome)가 점차 사라지게 되어 펭귄은 더 이상 극한지역의 상징적인 대표생물의 지위를 잃게 될 것이다.

2019년 1월 인익스프레서블섬의 일평균, 최고 및 최저기온

일(Date)	1	2	3	4	5	6	7	8	9	10	11	12	13	14	15	
	16	17	18	19	20	21	22	23	24	25	26	27	28	29	30	31
평균기온(℃)	0.8	-0.5	-1.3	-2.1	-2.6	-2.0	-1.4	-2.5	-2.7	-2.8	-0.8	2.3	-1.3	-2.4	-1.8	
	1.3	-1.1	-3.7	-4.2	-3.6	-3.4	-3.7	-2.7	-1.7	-0.8	-1.5	-2.4	-1.4	-3.7	-4.9	-4.9
최고기온(℃)	3.3	1.8	0.1	-0.2	-1.2	-0.2	-0.1	-1.1	-1.1	-1.7	1.5	4.0	1.3	-0.8	0.4	
	3.6	2.8	-1.0	-2.2	-2.3	-1.9	-2.2	-1.6	-0.3	1.6	0.4	-0.4	0.8	-0.9	-3.5	-3.3
최저기온(℃)	-1.5	-3.2	-3.9	-4.3	-4.9	-4.0	-3.0	-4.0	-4.9	-4.2	-3.9	-0.2	-3.1	-3.8	-4.2	
	-1.5	-2.7	-4.7	-6.6	-5.7	-4.1	-5.4	-4.1	-3.2	-4.7	-3.4	-4.9	-4.0	-5.5	-6.2	-7.3

영상의 기온은 붉은색 글자로 표기(해양수산부 3차년도 연차실적계획서)

© 서명호

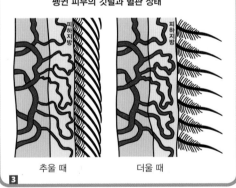

© 김종우

펭귄 피부의 깃털과 혈관 상태

추울 때   더울 때

3

1∼2 입을 벌리고 열을 식히는 아델리펭귄 새끼들
3 추울 때에는 피하지방의 혈관을 수축시켜 깃털들
이 피부를 빽빽이 덮게 하고, 더울 때에는 혈관을
확장시켜 깃털 사이의 공간을 넓혀줌으로써 피부가
외부 공기와 접촉할 수 있게 한다.(Pinguins info의
자료를 참조하여 다시 그림)

더울 때에는 피부를 부풀려서 깃털 사이에 시원한 바람이 파고들게 한다. ⓒ김종우

아 시원해~!

헉 헉 헉! 아 더워, 여기 남극 맞아?

빙판에서 살고 있는 황제펭귄 새끼도 더워지면 입을 벌리고 깃을 부풀려 체내의 열을 방출한다.

크릴이 있어야
펭귄도 있다

남극에서 살고 있는 펭귄들이 주로 크릴이 사냥해서 먹고 산다는 사실은 이제 많은 사람들의 알고 있는 기본 상식이다. 남극해에는 다양한 종류의 크릴이 서식하고 있지만 우리가 상업적으로 이용하는 종은 남극크릴(Antarctic krill, *Euphausia superba*)이다. 이 종은 남극반도 주변 해역에 가장 풍부하게 분포하고 있기 때문에 대부분의 크릴어업은 그 해역에서 행해진다.

세종과학기지는 킹조지섬에 위치하고 있으며, 그곳의 젠투펭귄과 턱 끈펭귄 또한 남극크릴에 의존해서 살아간다(Kokubun, 2010; 2015). 그런데 1976년부터 2003년까지 30여 년 간 남극크릴의 생물량이 약 80%가량 감소하였다는 충격적인 보고가 있었다(Atkinson et al., 2004). 남극해양생물자원보존위원회(Commission for the Conservation of Antarctic Marine Living Resources, CCAMLR)에서는 크릴을 중심으로 구성된 남극해의 생태계를 보호하기 위해 매년 기후변화와 크릴의 생물량 및 조업량 변동 그리고 상위포식자인 펭귄에 미치는 영향을 분석하고 있다.

우리의 조사 수역인 로스해에서는 이곳이 해양보호구역으로 지정되기 이전에도 크릴조업은 거의 행해지지 않았다. 그러나 이 수역 내에는 빅토리아랜드 연안을 따라 19개소, 로스섬 인근에 4개소 등 총 23개소의 아델리펭귄 번식지가 분포하고 있다. 1981년부터 2012년까지의 조사기록

아델리펭귄의 주요 먹이는
남극해에 서식하는 크릴이다.

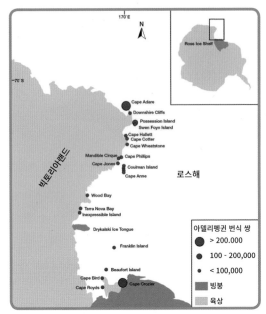

로스해의 빅토리아랜드 연안과 로스섬 일대에 분포하는 아델리펭귄 번식지(Lyver et al., 2014)

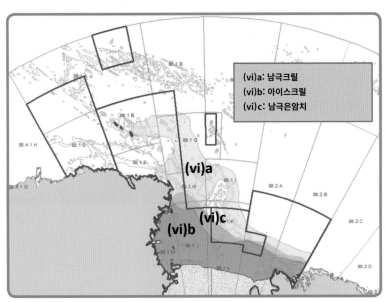

로스해에서 남극크릴, 아이스크릴 및 남극은암치(Antartic silverfish)의 분포 현황(WS-MPA-11/25)

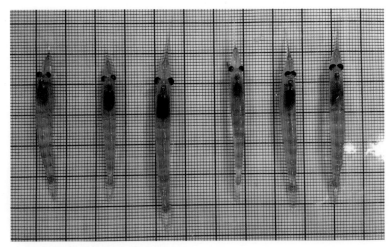

남극해 전역에 분포하는 남극크릴 ©손우주

남위 74도 이남의 연안에 분포하는 아이스크릴
©손우주

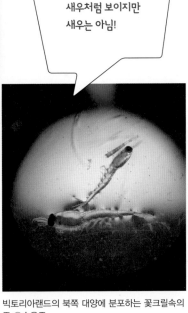

새우처럼 보이지만
새우는 아님!

빅토리아랜드의 북쪽 대양에 분포하는 꽃크릴속의
종 ©손우주

171

에 의하면 로스해 서부 연안에서 매년 평균 855,625쌍의 아델리펭귄이 번식해왔다(Lyver et al., 2014). 이는 로스해가 수많은 펭귄들을 부양할 수 있을 만큼의 풍부한 먹이생물을 보유하고 있음을 암시한다.

로스해에는 6종 이상의 크릴들이 서식하는 것으로 알려져 있다. 그 중 대표적인 종은 로스해 빅토리아랜드의 북부 수역에 주로 서식하는 남극크릴과 남부 수역에 분포하는 아이스크릴(Crystal krill, *Euphausia crystallorophias*) 두 종이다. 북빅토리아랜드의 최북단인 케이프 어데어를 벗어난 북쪽 수역에는 남극크릴이나 아이스크릴이 속하는 크릴속(*Euphausia*)과는 다른 분류군인 꽃크릴속(*Thysanoessa*)의 크릴도 분포하고 있다.

남극크릴은 남극해 전역에 폭넓게 분포하며 약 6cm까지 성장한다. 그에 비해 아이스크릴은 몸길이가 약 3.5cm로 남극크릴에 비해 작은 편이며 남위 74도 이상 고위도의 연안 인근에 주로 분포한다. 남극크릴과 아이스크릴은 크게 4가지의 형태의 차이로 구별된다. 첫째, 아이스크릴은 몸의 크기에 비해 눈이 매우 크다. 둘째, 남극크릴은 5번째 배마디와 6번째 배마디의 길이가 거의 같지만 아이스크릴에서는 6번째 배마디가 훨씬 길다. 셋째, 남극크릴의 이마뿔(rostrum)은 둥근 삼각형이지만 아이스크릴의 것은 뾰족하고 날카롭다. 넷째, 측면에서 볼 때 남극크릴의 제1더듬이자루(peduncle)가 눈에 띄게 돌출되어 있다.

위도에 따른 크릴 종의 분포 차이는 아델리펭귄이 이용하는 먹이구성에도 영향을 미친다. 우리 연구진(부경대학교 김현우 교수팀)은 다양한 서식지에서 채집된 아델리펭귄 분변의 유전 정보를 활용하여 먹이 종 구성차이를 분석하고 있다. 사전 분석결과에 의하면 남극크릴의 분포수역

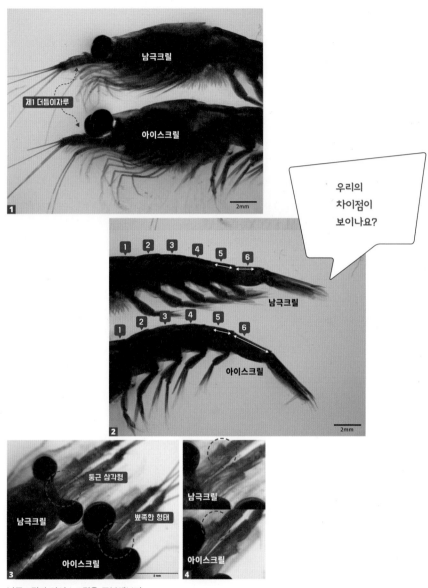

남극크릴과 아이스크릴을 구분해보자.
1 몸통과 눈의 크기 비율 2 5번째와 6번째 배마디 길이 비율 3 이마뿔의 형태 4 제1더듬이자루 돌출
정도 ⓒ손우주

에 위치하는 케이프 할렛과 케이프 어데어 집단에서는 남극크릴이, 아이스크릴 분포수역에 접하고 있는 인익스프레서블섬 집단에서는 아이스크릴이 주요 먹이원임을 확인할 수 있었다.

남극크릴의 평균수명은 약 6년이고 최대 10년까지 살 수 있는 것으로 알려져 있다. 이들의 산란기는 1월부터 3월까지이며, 한 번에 최대 10,000여 개의 알을 낳는다. 수면 근처에서 산란된 알은 수심 약 1,000~3,000m까지 가라앉고, 그곳에서 부화한 후 다시 수면으로 올라온다. 그리고 바다얼음 밑에 서식하는 식물 플랑크톤(Ice-algae)을 섭식하며 성장한다. 크릴의 생물량은 자연사와 상위포식자의 포식량 및 크릴 조업량과 같은 개체군 감소요인과 당해에 태어난 어린 크릴의 유입량 등의 증가요인에 의해 결정된다. 1820년대에서 80년대까지는 모피를 얻기 위해 남극물개들을 사냥하여 멸종 직전까지 몰렸었고, 1900년대부터 1980년대까지 수많은 고래들이 희생되어 크릴의 주요 포식자들이 감소했었다. 오늘날에는 남극물개보존협약(1972년 채택, 한국 미가입), 국제포경규제협약(1946년 채택, 1978년 한국 가입) 및 남극해양생물자원보존협약(1980년 채택, 1985년 한국 가입)등의 보존조치에 의해 크릴 의존성 대형포식자들이 증가하고 있는 추세이다. 이는 인간이 훼손시켜 놓았던 먹이망을 원래대로 되돌려 놓은 것이다.

그러나 현재 크릴들은 생존을 심각하게 위협할 수도 있는 새로운 위기를 맞았다. 그 중 하나가 대기 중의 이산화탄소 증가이다. 2100년 즈음에는 남빙양의 이산화탄소가 현재의 두 배 가량 증가할 것으로 예상되는데(Flores et al., 2012), 이로 인한 해양 산성화(ocean acidification)가 크릴의 배아 발달, 호흡, 대사능력, 외골격 형성에 부정적이 영향을 미칠 것으로 우려된다(IPCC, 2013). 지구온난화로 인한 바다얼음 감소에서 기인되는 크릴의 생산성 저하와, 연 30만 톤가량을 수확해가는(2018~2019년 기준. SC-CAMLR-38BG01 Rev.1) 크릴조업 또한 대표적인 위협요인이라 할 수 있다. 바다얼음은 어린 크릴의 취식장소이자 은신처인데 안타깝게도 기후모델은 이번 세기 말까지 바다얼음의 33%가 사라질 것이라 예측하고 있다(Bracegirdle et al., 2008).

바다얼음이 줄어들면 그 밑에서 번성하던 식물 플랑크톤이 감소하게 될 것이고, 그 결과로 식물플랑크톤을 먹고 사는 크릴들이 사라지게 될 것이다. 그 다음 단계의 피해자는 누가 될까? 크릴이 먹여 살리던 펭귄을 포함한 수많은 남극동물들이 하나 둘 자취를 감추게 될 것이다. 극지동물들이 다 사라지면 그 다음은 누구일까? 우리는 실감하지 못하지만 이미 환경변화의 위협은 서서히 인간을 향해 다가오고 있다. 그 심각성을 인지하고 지구환경의 보존 대책을 마련하는 시간이 너무 늦지 않기를 바란다.

제발 크릴을
빼앗아가지 마요!

 **참고문헌** --

• 황제펭귄의 라이프사이클

https://commons.wikimedia.org/wiki/File:PENGUIN_LIFECYCLE_
H.JPG

• 아델리펭귄과 황제펭귄의 고향 로스해

https://www.mfat.govt.nz/en/environment/antarctica/ross-sea-
region-marine-protected-area/

• 스콧원정대가 남긴 100년 전 펭귄 관찰기록

Russell, D.G.D., Sladen, W.J.L., Ainley, D.G. (2012) Dr. George Murray
Levick (1876-1956): unpublished notes on the sexual habits of the Adélie
penguin. Polar Record 48:387-393.

• 인간에게 빼앗긴 번식지를 재건한 펭귄

남극환경보호의정서 제3부속서 (폐기물 처리 및 관리)

NZARP. New Zealand Antarctic Research Programme Field Event Logistic
Reports

Reid, B.E. (1964) The Cape Hallett Adélie penguin rookery - its size,
composition, and structure. Rec Dom Mus (Wellington) 5:11-37. (with
accompanying map)

Wilson, K.-J., Taylor, R.H., Barton, K. (1990) The Impact of Man on
Adélie Penguins at Cape Hallett, Antartica. In: Kerry, K.R., Hempel G.
Antarctic Ecosystems (Eds). Springer-Verlag, Germany. pp 183-190.

http://data.pgc.umn.edu/aerial/usgs/tma/photos/med/CA0722/
CA072232V/CA072232V0004.tif.gz

http://data.pgc.umn.edu/aerial/usgs/tma/photos/med/CA0722/
CA072232V/CA072232V0005.tif.gz

http://data.pgc.umn.edu/aerial/usgs/tma/photos/high/CA2583/
CA258332V/CA258332V0028.tif.gz

• 펭귄의 미라가 뒹구는 천년의 번식지

해양수산부 2차 & 3차년도 연차실적계획서(2019 & 2020) 남극해 해양보호구역
의 생태계 구조 및 기능연구. 극지연구소

Baroni C, Orombelli G. (1994) Abandoned penguin rookeries as Holocene
paleoclimatic indicators in Antarctica. Geology 22:23-26.

Harrington, H.J., McKellar, I.C. (1958) A radiocarbon date for penguin
colonization of Cape Hallett, Antarctica: New Zealand Journal of Geology
and Geophysics 1:571-576.

Lambert, D.M., Ritchie, P.A., Millar, C.D., Holland, B., Drummond, A.J.,
Baroni, C. (2002) Rates of evolution in ancient DNA from Adélie penguins
Science 295: 2270-2273.

• 드론으로 내려다본 펭귄번식지

Kim, J.-H., Kim, H.-C, Kim J.-I., Hyun, C.-U., Jung J.-W., Kim Y.-S.,
Chung, H., Shin, H.C. (2018) Application of aerial photography for ecological
survey and habitat management of Adélie penguins. WG-EMM-18/38

Kim, J.-H., Kim, Y.-S., Jung J.-W., Lee W.Y, Kim, H.-C., Kim, J.H.,
Chung H., Shin, H.C. (2019) Adélie penguins' response to unmanned
aerial vehicle at Cape Hallett in the Ross Sea region, Antarctica. WG-
EMM-2019/36

• 펭귄의 슬기로운 물속 생활

Whitehead MD. (1989) Maximum diving depths of the Adélie penguin,
Pygoscelis adeliae, during the chick rearing period, in Prydz Bay,
Antarctica. Polar Biol 9:329-332.

Wienecke, B., Robertson, G.G., Kirkwood, R., Lawton, K. (2007) Extreme
dives by free-ranging emperor penguins. Polar Biol 30:133-142.

• 얼음 위에 살지만 동상이 뭔지 몰라요

https://www.pinguins.info/Engels/Warmtebehoud_eng.html

• 틈만 나면 깃털관리 하는 펭귄

Chiale, M.C., Fernández, P.E., Gimeno ,E.J., Barbeito, C., Montalti, D. (2014) Morphology and histology of the uropygial gland in Antarctic birds: relationship with their contact with the aquatic environment? Aust. J. Zool. 62:157－165.

• 눈밭과 얼음 위에서도 쌩쌩

Watanabe, S, Sato, K, Ponganis, P.J. (2012) Activity Time Budget during Foraging Trips of Emperor Penguins. PLoS ONE 7(11): e50357. doi:10.1371

Wilson, R.P., Culik, B.M., Adelung, D. (1991) To slide or stride: when should Adélie penguins (*Pygoscelis adeliae*) toboggan? Can J Zool 69:221－225.

• 무사히 부화해도 위험천만한 세상

Campbell, B., Lack, E. (2011) A dictionary of birds. Poyser Monographs, UK, pp. 120.

• 빼앗고 뺏기는 돌 구하기 전쟁

Ainley, G.D. (1983) The Adélie Penguin: Bellwether of Climate Change. Columbia University Press. New York

Russell, D.G.D., Sladen, W.J.L., Ainley, D.G. (2012) Dr. George Murray Levick (1876-1956): unpublished notes on the sexual habits of the Adélie penguin. Polar Record 48:387-393.

• 새 생명 탄생의 첫걸음

Hunter, F.M., Davis, L.S., Miller, G. D. (1996) Sperm transfer in the Adelie penquin. Condor 98:410-413.

Pilastro, A., Pezzo, F., Olmastroni, S., Callegarin, C., Corsolini, S., Focardi, S. (2001) Extrapair paternity in the Adelie penguin *Pygoscelis adeliae*. Ibis 143:681-684.

• 의외로 잘 통하는 펭귄들의 보디랭귀지

Ainley, D.G. (1974) The comfort behaviour of adèlie and other penguins. Behaviour 50:16-51.

Ainley, D.G. (1975) Displays of Adélie penguins: a reinterpretation. In: Stonehouse, B. (ed.): The biology of penguins:503-534. Macmillan, London

Jouventin, P. (1982) Visual and Vocal Signals in Penguins, their Evolution and Adaptive Characters. Fortschritte der Verhaltensforschung, Beihefte zur Zeitschrift für Tierpsychologie/ Advances in Ethology, Supplements to Journal of Comparative Ethology. Verlag Paul Parey, Berlin und Hamburg.

Spurr, E.B. (1975a) Communication in the Adélie penguin. In: Stonehouse, B. (ed.): The biology of penguins:449-501. Macmillan, London

Spurr, E.B. (1975b) Behaviour of the Adélie penguin chick. Condor 77:272-280.

• 펭귄 입의 미스터리

Zhao, H., Li, J., Zhang, J. (2015) Molecular evidence for the loss of three basic tastes in penguins. Curr. Biol. 25:141-142.

•새끼가 자라면 외벌이에서 맞벌이로

Cherel, Y. Kooyman, G.L. (1998) Food of emperor penguins (*Aptenodytes forsteri*) in the western Ross Sea, Antarctica. Marine Biology 130: 335-344.

• 겨울에 나타나 여름에 사라지는 황제들의 도시

Trathan, P.N., Wienecke, B., Barbraud, C., Jenouvrier, S., Kooyman, G., Le Bohec, C., et al. (2020) The emperor penguin – Vulnerable to projected rates of warming and sea ice loss. Biological Conservation. 241:108216

• 오랜 집터도 순식간에 사라져

Lyver, P.O., Barron, M., Barton, K.J., Ainley, D.G., Pollard, A., Gordon, S., McNeill, S., Ballard, G. and Wilson, P.R. (2014) Trends in the breeding population of Adelie penguins in the Ross Sea, 1981–2012: A coincidence of climate and resource extraction effects. PLoS ONE 9(3):e91188.

• 한 여름 더위를 타는 남극 펭귄

해양수산부 2차 & 3차년도 연차실적계획서(2019 & 2020) 남극해 해양보호구역의 생태계 구조 및 기능연구. 극지연구소
https://www.pinguins.info/Engels/Warmtebehoud_eng.html

• 크릴이 있어야 펭귄도 있다

Atkinson A, Siegel V, Pakhomov E, Rothery P. (2004) Long-term decline in krill stock and increase in salps within the Southern Ocean. Nature 432:100–103.

Bracegirdle T.J., Connolle, W.M., Turner J. (2008) Antarctic climate change over the twenty first century. J Geophys Res Atmos 13:D03103

Flores et al. (2012) Impact of climate change on Antarctic krill. Marine ecology progress series, 148:1–19.

IPCC (2013) Climate Change 2013: The Physical Science Basis. Contribution of Working Group I to the Fifth Assessment Report of the Intergovernmental Panel on Climate Change [Stocker, T.F., D. Qin, G.-K. Plattner, M. Tignor, S.K. Allen, J. Boschung, A. Nauels, Y. Xia, V. Bex and P.M. Midgley (eds.)]. Cambridge University Press, Cambridge, United Kingdom and New York, NY, USA, pp. 1535.

Kokubun, N., Takahashi, A., Mori, Y., Watanabe, S. and Shin, H.C. (2010). Comparison of diving behavior and foraging habitat use between chinstrap and gentoo penguins breeding in the South Shetland Islands, Antarctica. Mar. Biol. 157, 811–825.

Kokubun, N., Kim, J.-H., Shin, H.C., Naito, Y., and Takahashi, A. (2011) Penguin head movement detected using small accelerometers: a proxy of prey encounter rate. J. Exp. Biol. 214, 3760–3767.

Lyver, P.O., Barron, M., Barton, K.J., Ainley, D.G., Pollard, A., Gordon, S., McNeill, S., Ballard, G. and Wilson, P.R. (2014) Trends in the breeding population of Adelie penguins in the Ross Sea, 1981–2012: A coincidence of climate and resource extraction effects. PLoS ONE 9(3):e91188.

Sharp B.R., Watters G.M. (2010) Bioregionalisation and spatial ecosystem processes in the Ross Sea region. WS–MPA–11/25

찾아보기

남극생물학자의 연구노트 04

슬기로운
펭귄의
남극생활

The Story of Antarctic Penguins

초판 1쇄 인쇄 2020년 12월 30일
초판 1쇄 발행 2021년 1월 30일

글쓴이 김정훈

펴낸곳 지오북(**GEO**BOOK)
펴낸이 황영심
편집 전슬기, 백수연
디자인 권지혜, 장영숙
일러스트 권지혜, 이하림

주소 서울특별시 종로구 새문안로5가길 28, 1015호
(적선동 광화문 플래티넘)
Tel_02-732-0337 Fax_02-732-9337
eMail_book@geobook.co.kr
www.geobook.co.kr
cafe.naver.com/geobookpub

출판등록번호 제300-2003-211
출판등록일 2003년 11월 27일

ⓒ 극지연구소 2021
지은이와 협의하여 검인은 생략합니다.

ISBN 978-89-94242-77-4 03490

이 도서의 국립중앙도서관 출판예정도서목록(CIP)은 서지정보유통지원시스템 홈페이지
(http://seoji.nl.go.kr)와 국가자료종합목록시스템(http://www.nl.go.kr/kolisnet)에서 이용하
실 수 있습니다. (CIP제어번호: CIP2020054041)